Springer-Lehrbuch

Dietmar Möller

Modellbildung, Simulation und Identifikation

dynamischer Systeme

Springer-Verlag

Berlin Heidelberg NewYork
London Paris Tokyo
Hong Kong Barcelona Budapest

Dietmar P. F. Möller

Institut für Informatik
TU Clausthal
W-3392 Clausthal-Zellerfeld

ISBN-13: 978-3-540-55155-3   e-ISBN-13: 978-3-642-95675-1
DOI: 10.1007/978-3-642-95675-1

Satz: Reproduktionsfertige Vorlage vom Autor
62/3020-5 4 3 2 1 0 – Gedruckt auf säurefreiem Papier

*Meiner Mutter
und dem Andenken meines Vaters*

Vorwort

Der Systemanalytiker war bei seinen Untersuchungen von Anfang
an auf unterstützende Hilfsmittel angewiesen, da häufig
analytisch geschlossene Lösungsverfahren nicht existieren.
Zur Zeit der graphischen Methoden waren dies unter anderem der
Rechenschieber, Funktionentafeln und elektro-mechanische
Rechenmaschinen. Die Entwicklung der elektronischen Rechenmaschinen, insbesondere die stürmische Entwicklung deren
Architektur und die immer leistungsfähigeren Programme, ver-
änderte die Werkzeuge zur Untersuchung dynamischer Systeme
gewaltig. So traten vermehrt rechnerunterstützte Verfahren auf,
die z.B. das Systemmodell als Simulationsmodell beinhalten.

Diese Entwicklung hat auch ihre Ursache darin, daß sich die auf
Erkenntnis funktionaler Wirkungsstrukturen und die Behandlung
dynamischer Eigenschaften ausgerichtete Systemtheorie bewährt
hat. Ging die Systemtheorie ursprünglich aus den Technikwissen-
schaften, wie z.B. der Nachrichten- und der Regelungstechnik
hervor, so ist sie heute integraler Bestandteil auch der
Nicht-Technikwissenschaften, wie z.B. Biologie, Medizin,
Ökologie, Sozialwissenschaft, Wirtschaftswissenschaft etc.

In der klassischen Systemtheorie stand die Übertragungsfunktion
im Vordergrund, die eine Beschreibung des linearen zeit-
invarianten Systemzusammenhanges aus dessen Ein- und Ausgangsgrößen darstellt. Innerhalb der modernen Systemtheorie nimmt
die Systembeschreibung mit Hilfe der Zustandsraummethode einen
besonderen Stellenwert ein, da mit ihr das dynamische Verhalten
von zeitvarianten und nichtlinearen komplexen Systemen unter
Einsatz des Digitalrechners analysiert werden kann. Dabei kommt
der Modellbildung eine zentrale Bedeutung zu. Sie ist Basis und
Ausgangspunkt für die Untersuchung mittels Simulation und/oder
Identifikation unbekannter bzw. nichtmeßbarer Systemparameter
oder Systemzustände.

In diesem Sinne wird versucht systematisch in die Prinzipien der Modellbildung, Simulation und Identifikation dynamischer Systeme einzuführen. Wegen der angestrebten Klarheit der Aussagen war es notwendig, weitgehend von einer allgemeingültigen abstrakten Beschreibungsform Gebrauch zu machen, was vor allem in den vorkommenden Definitionen sich wiederspiegelt. Darüber hinaus wird durch Beispiele der theoretische Zusammenhang u.a. in Form von Abbildungen konkretisiert und veranschaulicht.

Ausgehend von einer Klassifizierung dynamischer Systeme in Kapitel 1, werden in Kapitel 2 die grundlegenden Verfahren der mathematischen Beschreibung dynamischer Systeme behandelt. Dabei wird versucht, über das Mittel der Analogiebetrachtung einen einheitlichen Zugang zur mathematischen Beschreibung der Eigenschaften dynamischer Systeme zu vermitteln. Kapitel 3 befaßt sich mit der Modellbildung dynamischer Systeme. Anhand exemplarischer Beispiele aus dem Bereich technischer bzw. nicht-technischer Systeme werden analytische und numerische Modellbildungsmethoden dargestellt. Kapitel 4 ist der Simulation gewidmet und beschreibt die Simulationswerkzeuge für kontinuierliche und diskrete Systeme. Vermittels ausgewählter Beispiele wird die Leistungsfähigkeit des Werkzeuges Simulation verdeutlicht. Auch wird die zukünftig immer wichtigere Frage zur Simulation und künstlicher Intelligenz behandelt. Kapitel 5 zeigt, wie vermittels des Werkzeuges Identifikation Parameter bzw. Zustände für die Beschreibung dynamischer Systeme durch Modelle und deren Nachbildung durch Simulation erhalten werden. Behandelt werden neben Identifikations- und Optimierungsverfahren auch Probleme der Identifikation bei unverrauschten und verrauschten Meßdaten.

Die Monographie ging aus Kursen und Vorlesungen hervor, die ich an den Universitäten Bremen, Erlangen-Nürnberg und Mainz durchgeführt habe. Es ist deshalb schwierig, sämtliche Quellen zu zitieren, die von mir im Laufe der Zeit herangezogen wurden. Soweit die Rekonstruktion der Quellen möglich war, sind sie im Literaturverzeichnis angegeben.

Mein Dank gilt meiner Sekretärin Frau Friedrichs für das
sorgfältige und gewissenhafte Schreiben des Manuskripts,
Frau Kammann für das Schreiben des Sachverzeichnisses und
dem Springer-Verlag für die angenehme Zusammenarbeit.

Abschließend danke ich meiner Frau und meiner Tochter für Ihr
Verständnis, das Sie meiner Arbeit entgegengebracht haben.

Lübeck, Michaeli 1991   Dietmar P.F. Möller

Inhaltsverzeichnis

1 Klassifikation dynamischer Systeme

1.1 Einleitung

Die modellmäßige Betrachtung und Analyse von natürlichen und technischen Systemen stellt eine grundsätzliche Vorgehensweise in der Systemtheorie dar. Ausgehend von einer Analogie zwischen dem Objektsystem (realer Prozeß/reales System) und den davon abgeleiteten Modellsystemen zur Nachbildung bestimmter Eigenschaften des zu untersuchenden Objektes, bietet die Simulation die Möglichkeit der detaillierten Systemanalyse sowohl unter normalen als auch unter extremen Zustandsbedingungen. Daher ist die Entwicklung mathematischer Modelle zur Simulation dynamischer Systeme in den vergangenen Jahren zu einem sehr wirkungsvollen Werkzeug der Analyse komplexer dynamischer Vorgänge geworden und häufig Gegenstand interdisziplinärer Forschung. Der Wert derartiger Modelle und deren Nachbildung durch Simulation liegt darin begründet, Informationen über das zu untersuchende Objekt (System) gewinnen zu können, welche normalerweise direkt nicht zugänglich sind, da mit dem realen Objekt (System) häufig nicht in der gewünschten Weise experimentiert werden kann. Andererseits können am Modell relativ leicht Veränderungen vorgenommen und deren Auswirkungen durch Simulation untersucht werden. Als quantitative Methode liefert die Simulation zahlenmäßige Ergebnisse aufgrund zahlenmäßiger Eingaben, die in einer graphischen Aufbereitung die Zeitabhängigkeit des dynamischen Prozeßgeschehens widerspiegeln. Wenngleich die Simulation nur eine quantitative Methode ist, so erlaubt sie doch sowohl aufgrund der zahlenmäßigen Ergebnisse als auch aufgrund der graphischen Darstellung qualitative Aussagen über das zu untersuchende reale System. Die rechnerunterstützte Simulation kann dabei Konditionierung und/oder Ergänzung zu

Experimenten sein bzw. den Ersatz einer im Regelfall nicht möglichen geschlossenen mathematischen Lösung darstellen, da die mathematische Behandlung von Systemen mit nichtlinearen Beziehungen im Regelfall die Lösung komplizierter und teilweise verkoppelter Differentialgleichungssysteme erfordert.

Bei der Verwendung der durch Simulation gewonnenen Ergebnisse ist allerdings die Gültigkeit des Modelles im eingesetzten Zustandsbereich sicherzustellen; man spricht in diesem Zusammenhang von der Verifikation. Die Verifikation wird unterteilt unter dem Gesichtspunkt der Übereinstimmung bzw. der Nichtübereinstimmung. Im Falle der Übereinstimmung spricht man von Validation, im Falle des Verwerfens von Falsifikation. Ist das Modell hinreichend genau validiert, dann sind auf indirekte Weise sowohl quantitative als auch qualitative Aussagen über Wirkungsmechanismen sowie Parameter, die einer direkten Messung nicht oder nur schwer zugänglich sind, möglich oder es können aufgrund der Modellergebnisse gezielte experimentelle Untersuchungen angeregt werden.

Durch den Einsatz der rechnerunterstützten Simulation können in diesem Zusammenhang auch Versuchsprotokolle erarbeitet und optimiert werden. Darüber hinaus lassen sich durch Anpassung der durch Modellsimulation gewonnenen Daten an experimentell gewonnene Ergebnisse unbekannte Parameter des zu untersuchenden dynamischen Systems abschätzen. Dazu wird für das dynamische System aus den an ihm gemessenen Eingangs- und Ausgangsgrößen der Parametervektor des entsprechenden mathematischen Modelles dergestalt variiert, daß die Ausgangsgrößen beider möglichst wenig, d.h. innerhalb eines vorgegebenen Gütekriteriums, voneinander abweichen.

Durch Modellnachbildung (Simulation) können darüber hinaus vertiefte Kenntnisse komplexer dynamischer Prozesse gewonnen werden, wie z. B. über Regulationseinflüsse, um mit deren Hilfe diejenigen Mechanismen zu erkennen, die eine entscheidende Rolle bei der Regulation dynamischer Prozesse sowohl unter normalen als auch extremen Zustandsbereichen eine Rolle spielen.

1.2 Systembegriff

Zum besseren Verständnis der später verwendeten Terminologie erfolgt nachfolgend eine kurze Darstellung der wichtigsten Begriffe aus der Theorie dynamischer Systeme.

Der Begriff **System** wird umgangssprachlich in vielfältigen Zusammenhängen benutzt. Beispiele sind das Sonnensystem, das Dezimalsystem, das periodische System der Elemente, philosophische Systeme, Wirtschaftssysteme, Herrschaftssysteme, das Herz-Kreislauf-System, das Nervensystem, Rechnersysteme, Informationssysteme, Regelungsssysteme, Rohrleitungssysteme, Transportsysteme, Verkehrssysteme und dergleichen. Der Begriff wird hier im Sinne von Ordnungsprinzip bzw. Klassifikationsschema verwendet. Er beinhaltet immanente Gegebenheiten (private Merkmale) wie z. B. den Seinsbereich, d.h. reale (materielle) oder ideelle (immaterielle) Systeme oder die Entstehung, d.h. natürliche oder künstliche Systeme.

Es sei angemerkt, daß die Erkenntnis der Realität des Sonnensystems durch das Zusammenwirken von Wahrnehmung und Denken getragen wird. Die bloße Wahrnehmung der bunten Vielgestaltigkeit des Seins durch unsere Sinne, ohne das Denken, führt zu einer Traumwelt. Reines Denken ohne Wahrnehmung dagegen führt zu einer Scheinwelt. Der Erkenntnisakt vollzieht sich im Herstellen der Einheit von Wahrnehmung und Denken. Sind Begriff (Denken) und Erscheinung (Wahrnehmung) in Übereinstimmung, wird erkannt (Wirklichkeit, Realität).

Definiton 1
Einen Gegenstand unseres Erkennens nennen wir **System**, wenn alle erkannten Elemente und Attribute mit ihren wechselseitigen Beziehungen - auch zur Umgebung - ein einheitliches Ganzes bilden, basierend auf logischen Grundsätzen. Hinzu kommen können Axiome.∎

Definition 1 ist allgemein gültig, da Spezielles weder über die nicht-leere Menge der Elemente noch über die nicht-leere Menge der Beziehungen ausgesagt wird. Implizit enthält Definition 1 die Prämisse, daß Denken keine Konvention sein kann (ein Geisteskranker wäre sonst Angehöriger einer anderen Konvention).

Elemente sind Bausteine, Dinge, Komponenten, Objekte, Sachen, Teile; **Beziehungen** sind Kopplungen, Relationen, Verbindungen, Zusammenhänge und dergleichen. **Attribute** stellen Eigenschaften, Kennzeichen, Merkmale dar. Zu den Attributen werden auch die Verbindungen zwischen System und Umgebung gerechnet, die sowohl bei offenen als auch bei geschlossenen Systemen vorhanden sind. Das die Verfassung des Systems kennzeichnende Attribut nennt man Zustand. Attribute miteinander in Beziehung gesetzt, führen auf die Funktion als Abbildung des Systems. Attribute werden noch hinsichtlich ihrer Ordnung eingeteilt. So unterscheidet man zwischen Attributen 0. Ordnung (Eigenschaften der Elemente) und Attributen höherer Ordnung (Eigenschaften der zwischen Elementen bestehenden Beziehungen). Dinge und Zusammenhänge mit identischen Attributen werden als äquivalent betrachtet und formal durch sogenannte **Äquivalenzklassen** gekennzeichnet. So gehört z. B. zum Begriff Beruf die Äquivalenzklasse Bäcker, Glaser, Klempner, Arzt und dergleichen.

Bezeichnet man mit 'A' die nicht-leere Menge der Attribute a und mit 'B' die nicht-leere Menge der Beziehungen b, dann kann die Funktion F eines Systems wie folgt symbolisch geschrieben werden:

$$F: = (a \; \varepsilon \; A, \; b \; \varepsilon \; B).$$

Den strukturalen Aspekt der Systembeschreibung kennzeichnet die nicht-leere Menge der Beziehungen, die aus den Kopplungsmatritzen K_{ij} gebildet werden. Für n Elemente gilt [REI 74]:

$$\underline{U}_i = \sum_{j=1}^{n} K_{ij} \cdot \underline{X}_j; \quad i = 1 \, (1) \, n \qquad (1.2\text{-}1)$$

mit $\underline{U}_i$ als Eingangsgrößenvektor und $\underline{X}_j$ als Ausgangsgrößen-vektor, und K_{ij} als Operator.

Gleichung (1.2-1) besagt, daß U_i die i-te Gleichung der allgemeinen Matrixgleichung $\underline{U} = K \cdot \underline{X}$ ist, die durch Gleichsetzen des inneren Produktes der i-ten Zeile von K mit dem transponierten Spaltenvektor

$$\underline{X} = | \, X_1, \, X_2, \, \ldots, \, X_n |^T$$

gleich $\underline{U}_i$ ist. Daraus folgt

$$K_{i1} \cdot X_1 + K_{i2} +, \, \ldots, \, K_{in} \cdot X_n = U_i,$$

was in Kurzform geschrieben auf Gleichung (1.2-1) führt.

Aus dem Dargelegten ist ersichtlich, daß man die Kopplungsmatrix K_{ij} als Operator auffassen kann, der den Vektor $\underline{X}_j$ in den Vektor $\underline{U}_i$ transformiert. Die Elemente von K_{ij} sind 1 oder 0, je nachdem, ob zwischen zwei System-elementen eine Kopplung vorhanden ist oder nicht. Eine Kopplung von Systemelementen liegt z. B. dann vor, wenn bestimmte Ausgangsgrößen X_β eines Systemelementes zugleich Eingangsgrößen U_β eines anderen Systemelementes sind.

Neben der Kopplungsmatrix wird der strukturale Aspekt der Systembeschreibung durch die Relationen gekennzeichnet. Darunter versteht man die logische Beziehung zwischen Systemelementen (Kombinationsbeziehung); so weist ein System mit n-Elementen maximal n^2 Relationen auf, wovon höchstens n-Relationen identisch und n (n-1) Relationen nicht identisch sind. Identische Relationen (sogenannte Äquivalenzrelationen) sind durch die drei folgenden Bedingungen charakterisiert [KLA 69]:

Reflexivität der Relation

(x) [(x) ε M --> R (x, x)]

Symmetrie der Relation

(x) (y) [x ε M y ε M R (x, y) --> R (y, x)]

Transitivität der Relation

(x) (y) (z) [x ε M y ε M z ε M R (x, y) --> R (y, z)
--> R (x, z)]

Mit M als nicht-leere Menge der Gegenstände, Eigenschaften und
dergleichen und R als Relation zwischen den Elementen von M.

Nicht identische Relationen sind solche, denen mindestens eine
der drei genannten Bedingungen fehlt. Aus der nicht-leeren
Menge der nicht-identischen Relationen ist die Struktur des
Systems festlegbar.

Hierarchische Strukturen sind nicht-identische Relationen, da
sie der Symmetrie der Relationen nicht genügen.

Die Struktur beschreibt den formalen Aufbau des Systems aus
Elementen mit ihren Attributen und Beziehungen. Grundsätzlich
gibt es zwei Strukturformen: hierarchische Strukturen - hierzu
gehören das Stern- und Baumkonzept des Graphen (beim Stern ist
ein privilegiertes zentrales Element vorhanden; beim Baum ein
hierarchisch höchstes Element gegeben) - und anarchische Strukturen - hierzu gehören der Ring, der Bus und die vermaschte
Struktur z. B. des Netzwerkes.

Formalisiert man Definiton 1, kann ein System wie folgt
abstrakt dargestellt werden:

Definiton 2
Ein **System** S kann als ein geordnetes Paar S = { E, B }

betrachtet werden, wobei E die nicht-leere Menge der Elemente E und B die nicht-leere Menge der Beziehungen zwischen den Elementen von E kennzeichnet.∎

Aus Definition 2 kann man für den Fall 2-stelliger Beziehungen B folgern, daß geordnete Paare der Systemelemente x, y, ε E vorliegen der Form

$$B = \{ (x, y) \}.$$

Für jedes Element x ε E soll gelten: x steht zu mindestens einem Element y ε E in Beziehung.

Für je zwei Elemente x, y ε E gibt es eine Verbindung, entweder direkt oder indirekt. Eine direkte Verbindung liegt dann vor, wenn x oder y zueinander in Beziehung stehen; eine indirekte, wenn eine Verbindung über andere Elemente erfolgt wie z. B. bei z ε E.

Jeweils zwei Elemente x, y ε E können mit Hilfe eines Kantenzuges verbunden werden (Graph).

Systemelemente, die zur Systemumgebung Beziehungen haben, heißen Randelemente. Die Teilmenge aller Randelemente eines Systems nennt man Oberfläche oder auch Hüllfläche des Systems.

In der Technik wird der Systembegriff spezieller benutzt, wie folgt:
"Ein **System** ist eine abgegrenzte Anordnung von aufeinander einwirkenden Gebilden. Solche Gebilde können sowohl Gegenstände als auch Denkmethoden und deren Ergebnisse (z.B. Organisationsformen, mathematische Methoden, Programmiersprachen etc.) sein. Diese Anordnung wird durch eine Hüllfläche von ihrer Umgebung abgegrenzt oder als abgegrenzt gedacht. Durch die Hüllfläche werden Verbindungen des Systems mit seiner Umgebung geschnitten. Die mit diesen Verbindungen übertragenen Eigenschaften und Zustände sind die Größen, deren Beziehungen untereinander das dem System eigentümliche Verhalten beschreiben".∎

8

Symbolisch wird ein System durch einen Kasten (Block)
dargestellt, der, in Bezug auf die angeführten Definitonen, die
Hüllfläche als Abgrenzung zur Umgebung charakterisieren soll.

Die Verbindungen des Systems (Kasten, Block) mit seiner Umwelt
sind die Ein- und Ausgangsgrößen, deren Wirkungsfluß und
Einfluß durch die Richtung eines Pfeiles festgelegt wird, was
Bild 1.1 zeigt. Sind keine Verbindungen mit der Umgebung
vorhanden, spricht man von einem **geschlossenen System**.
Demgegenüber weist das offene System immer Verbindungen zur
Umgebung auf. Im strengen Sinne liegt dann ein **offenes System**
vor, wenn mindestens ein Systemelement über Beziehungen zur
Umgebung verfügt. Derartige Systemelemente wurden bereits als
Randelemente des Systems gekennzeichnet.

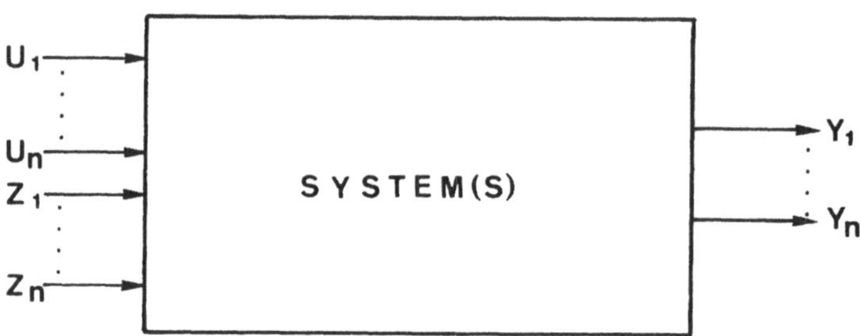

Bild 1.1: Blockorientierte Darstellung eines Systems mit
mehreren Eingansggrößen (U_n) und Ausgangsgrößen
(Y_m) und Störgrößen (Z_k).

Wie aus Bild 1.1 ersichtlich, generieren die Eingangsgrößen
U_1 ..., U_n die Ausgangsgrößen Y_1, ..., Y_n in der Regel
überlagert von Störgrößen Z_1, ... Z_k. Mathematisch
behandelbar sind derartige Systeme durch Differentialgleichungen und algebraische Gleichungen n-ter Ordnung. Das in Bild 1.1
symbolisch dargestellte System ist damit ein sogenanntes Mehrgrößensystem.

Definiton 3

Ein System mit n $\geq$ 2 Eingangsgrößen und/oder n $\geq$ 2 Ausgangsgrößen heißt **Mehrgrößensystem.** ∎

Bezogen auf die allgemeingültige blockorientierte Darstellung in Bild 1.2-1 kann man die folgenden Zuordnungen treffen: Die abhängigen Variablen X werden durch Kästen (Blöcke) dargestellt und deren Wirkungen, bzw. die Einflüsse von Eingangsgrößen, durch Pfeile gekennzeichnet. Damit liegt eine **kausale Wirkungskette** vor. Man unterscheidet dabei zwischen gleichsinnigen und gegensinnigen Wirkungsflüssen.

Der **gleichsinnige Wirkungsfluß** kennzeichnet die positive Veränderung der abhängigen Variablen im Sinne einer **Verstärkung.** So führt die Erhöhung des Eingangssignales zu einer Erhöhung des Ausgangssignales und umgekehrt. Man kennzeichnet die gleichsinnige Wirkung häufig durch ein Plus-Zeichen über dem Wirkungspfeil.

Der **gegensinnige Wirkungsfluß** ergibt sich durch die inverse Richtung der Änderung der abhängigen Variablen im Sinne einer **Hemmung.** Ein erniedrigtes Ausgangssignal ergibt sich als Folge eines vergrößerten Eingangssignales. Man kennzeichnet die gegensinnige Wirkung mit einem Minus-Zeichen über dem Wirkungspfeil.

1.3 Klassifikation von Systemen

Systeme können nach verschiedenen Gesichtspunkten klassifiziert werden. Die in Tabelle 1.1 angegebene Systematik enthält die wichtigsten Attribute und ihre Ausprägungen, sie ist jedoch als Klassifikation nicht auf Vollständigkeit bedacht.

Die in Tabelle 1.1 angegebene Klassifikation läßt sich mathematisch abstrahieren, was in den folgenden Unterabschnitten ausgeführt wird. Die Überprüfung der allgemein gültigen Aussagen wird jeweils anhand eines Beispiels dargestellt.

ATTRIBUTE	ATTRIBUTSAUSPRÄGUNGEN	
Seinsbereich	materiell	immateriell
Entstehungsart	natürlich	künstlich
Beziehungen zur Umgebung	abgeschlossen	offen
Zeitabhängigkeit	statisch	dynamisch
Zeitverteilung der Attributwerte	kontinuierlich	diskret
Funktionstyp	linear	nichtlinear
Art der Beziehungen	deterministisch	stochastisch
Zeitabhängigkeit der Beziehungen	zeitvariant	zeitinvariant
Strukturabhängigkeit	eindimensional	mehrdimensional
Strukturtyp	hierarchisch	anarchisch
Art der Struktur	starr	flexibel
Anzahl der Subsysteme	einfach	kompliziert
Anzahl der Beziehungen	einfach	komplex
Anzahl der Elemente	einfach	kompliziert

Tabelle 1.1: Systemklassifikation

1.3.1: Zeitabhängigkeit der Attribute

Definition 4
Ein System heißt:
a) **statisch**, wenn sich sein Zustand innerhalb des von einer
   Hüllfläche umschlossenen Bereiches nicht ändert;
b) **stationär**, wenn die zeitliche Veränderung der Systemgrößen
   konstant ist und zu jedem beliebigen endlichen Zeitabschnitt
   Gleichförmigkeit existiert;
c) **dynamisch**, wenn sein aktueller Zustand $x\,(t_1)$ eindeutig
   durch den Anfangszustand $x\,(t_o)$ und den zeitlichen Verlauf
   der Eingangsgröße $U\,(t)$ im Zeitintervall $(t_o,\ t_1)$ für
   alle t größer t_o festgelegt wird. ∎

Beispiel 1
Unter Zugrundelegung von Definition 4 ist ein System, welches
durch nachfolgende Bilanzgleichungen charakterisiert ist, auf
seine Eigenschaften zu überprüfen.

$$\dot{X}_1 = (a_1 - b_1 \cdot X_2)\, X_1$$

$$\dot{X}_2 = (a_2 \cdot x_1 - b_2)\, X_2$$

Für den Fall $\dot{X}_1 = \dot{X}_2 = 0$ erhält man

$$0 = (a_1 - b_1 \cdot x_2)\, X_1$$

$$0 = (a_2 \cdot x_1 - b_2)\, X_2$$

Als Trivialfall folgt zunächst mit $\dot{X}_1 = \dot{X}_2 = 0$ statisches
Verhalten. Für den stationären Zustand müssen $\dot{X}_1$ und $\dot{X}_2$
simultan verschwinden. Dies verlangt,

$$X_1 \text{ stationär} = \overline{X}_1 \quad \frac{b_2}{a_2}$$

$$X_2 \text{ stationär} = \overline{X}_2 \quad \frac{a_1}{b_1}$$

Da keine zeitlichen Veränderungen auftreten - wegen $\dot{X}_1 = \dot{X}_2 = 0$ ist $X_1(t) = \overline{X}_1 = $ konstant und $X_2(t) = \overline{X}_2 = $ konstant - beschreiben die für $\overline{X}_1$ und $\overline{X}_2$ gefundenen Gleichungen den stationären Systemzustand. Das System befindet sich in einem dynamischen Zustand, wenn $\dot{X}_1$ ungleich 0 und $\dot{X}_2$ ungleich 0 erfüllt ist. Dies ist dann der Fall, wenn

$$X_1 > \frac{b_2}{a_2}$$

bzw.

$$X_1 < \frac{b_2}{a_2}$$

und

$$X_2 > \frac{a_1}{b_1}$$

bzw.

$$X_2 < \frac{a_1}{b_1}$$

befriedigt wird.

1.3.2 Zeitverteilung der Attributwerte

1.3.2.1 Stetige und unstetige Systeme

Definition 5

Ein System heißt an der Stelle $U = U_o$ stetig, wenn $\beta(U_o)$ existiert und der Grenzwert von $Y = \beta\{U\}$ für $U = U_o$ gleich $\beta(U0)$ ist:

$$\lim_{U \to U_o} \beta\{U\} = \beta(U_o).$$

Es heißt **unstetig**, wenn die Existenz des Grenzwertes nicht gegeben ist. Es heißt im Intervall $I \in R$ **stetig**, wenn es in jedem Punkt dieses Intervalles stetig ist. ∎

Beispiel 2

Ein System sei durch die gebrochen rationale Funktion

$$Y = \frac{f_z(U)}{f_n(U)} = \frac{\sum\limits_{i=o}^{n} a_i \cdot U^i}{\sum\limits_{i=o}^{N} b_i \cdot U^i}$$

darstellbar. Man überprüfe Definition 5 für den Fall $Y = 1 : U$ an der Stelle $U_1 = 0$.

Wegen $f_N(U) = 0$ ist das durch die Beziehung $Y = 1 : U$ beschriebene System unstetig. Darüber hinaus liegt im vorliegenden Fall eine sogenannte nicht **hebbare** Unstetigkeit vor. Dann existieren auch hebbare Unstetigkeiten. So ist beispielsweise die Funktion

$$Y = \frac{sinU}{U}$$

an der Stelle $U_1 = 0$ unstetig. Wegen des Grenzwertsatzes

$$\lim_{U \to o} \frac{sinU}{U} = \lim_{U \to o} \frac{sinU}{U} = 1$$

kann man $f(U_1 = 0) = 1$ setzen und so die Unstetigkeit heben. Man erhält dann die stetige Funktion

$$Y = \begin{cases} \dfrac{sinU}{U} & \text{für } U \neq 0 \\ 1 & \text{für } U \neq 0 \end{cases}$$

1.3.2.2 Kontinuierliche und diskrete Systeme

Definition 6

Ein System heißt **kontinuierlich** in der Zeit, wenn sein Zustandsvektor $\underline{X}$ zu einem beliebigen Zeitpunkt $t \, \varepsilon$ [to, te] durch den Eingangsvektor $\underline{U}$ steuerbar und durch den Ausgangsvektor $\underline{Y}$ beobachtbar ist. Das ist dann der Fall, wenn ein Zeitintervall $t \varepsilon R$ der Definitionsbereich der Vektorgrößen $\underline{U}$, $\underline{X}$ und $\underline{Y}$ ist.

Ein System heißt **diskret** in der Zeit, wenn sein Zustandsvektor $\underline{X}$ nur zu diskreten Zeitpunkten t_k durch den Eingangsvektor $\underline{U}$ steuerbar und durch den Ausgangsvektor $\underline{Y}$ beobachtbar ist. Das ist der Fall, wenn die diskrete Zeitmenge $T_K \, \varepsilon \, t_k$ der Definitionsbereich von $\underline{U}$, $\underline{X}$ und $\underline{Y}$ ist.

Ein System heißt **Abtastsystem**, wenn seine internen Zustandsvariablen kontinuierlich in der Zeit und die Eingangs- und/oder Ausgangsgrößen kontinuierlich und/oder diskret in der Zeit sind. Für Abtastsysteme ergeben sich somit die folgenden 4 möglichen Realisierungen: ∎

Realisierung	Zeitabhängigkeit der Attribute	
	kontinuierlich	diskret
I	E, A	-
II	E	A
III	A	E
IV	-	E, A

E = Eingangsgröße; A = Ausgangsgröße

Kontinuierliche Systeme lassen sich z. B. durch gewöhnliche oder partielle Differentialgleichungen im Zeitbereich beschreiben. Diskrete Systeme werden dagegen mittels gewöhnlicher oder partieller Differenzengleichungen beschrieben. Für beide Formen der Zeitverteilung der Attributwerte stehen Transformationsmethoden zur Verfügung, die eine geschlossene Behandlung von Analyse- und Synthese-Aufgaben erleichtern.

Die digital arbeitenden Verfahren gehören zur Klasse der Abtastsysteme, da zeitkontinuierliche Eingangsgrößen U (t) durch einen Analog-Digitalwandler mit einer Periodendauer T abgetastet (zeitlich diskretisiert) und quantisiert sowie codiert werden. Diese codierte Zahlenfolge wird vom Digitalrechner verarbeitet. Das wiederum codierte Ergebnis des Digitalrechners wird decodiert und daraus, nach Digital-Analog-Wandlung und Halten, eine kontinuierliche Ausgangsgröße y (t) erzeugt.

Für die Betrachtung dynamischer Vorgänge sind die Operationen Codierung und Decodierung von Bedeutung, da hierfür eine gewisse Zeit benötigt wird, die in der Rechenzeit t_R zur Berechnung eines neuen Wertes mit der Ausgangsfolge $\{Y_A\}$ mit eingeht.

Beispiel 3
Es soll die Zeitverteilung der Attributwerte eines epidemiologischen Modelles betrachtet werden. Obwohl zur Beschreibung epidemiologischer Prozesse überwiegend stochastische Ansätze zur Hilfe genommen werden, besteht auch die Möglichkeit, Sätze von nichtlinearen gekoppelten gewöhnlichen Differentialgleichungen erster Ordnung zu verwenden, was das Beispiel zeigen soll. Es wird die Ausbreitung einer infektiösen Krankheit beschrieben, ausgehend von der Voraussetzung, daß nach Genesung Immunität erreicht wird. Folgende Zustandsvariablen sind gegeben:

X_1 = Anzahl der erkrankten Personen

X_2 = Anzahl der Krankheitsträger

X_3 = Anzahl der genesenen, d.h. der immunen Personen.

Die Gesamtheit der Population ist eine sogenannte definierte Variable, z. B. eine Ausgangsgröße Y_A, die in Abhängigkeit der Zustandsvariablen X_i; i = 1, 2, 3, auftritt.

Obgleich es sich hier um ganzzahlige, diskrete Variable handelt (Klasse der diskreten Systeme), kann man näherungssweise das folgende Differentialgleichungssystem ansetzen (Klasse der kontinuierlichen Systeme):

$$\dot{X}_1 = -I \cdot X_1 \cdot X_2$$

$$\dot{X}_2 = I \cdot X_1 \cdot X_2 - (G+T) X_2$$

$$\dot{X}_3 = X_1 \cdot X_2 \cdot X_3 .$$

Die Koeffizienten I, G und T kennzeichnen die Infektionsgeschwindigkeit (I) in der Population, die Genesungsgeschwindigkeit (G) der Population und die Todeshäufigkeit (T).
Das Ergebnis einer Simulation mit den Anfangsbedingungen X_1 (0) = 620, X_2 (0) = 10, X_3 (0) = 70 sowie den Konstanten I = 0,001, G = 0,07 und T = 0,01 zeigt Bild 1.2.

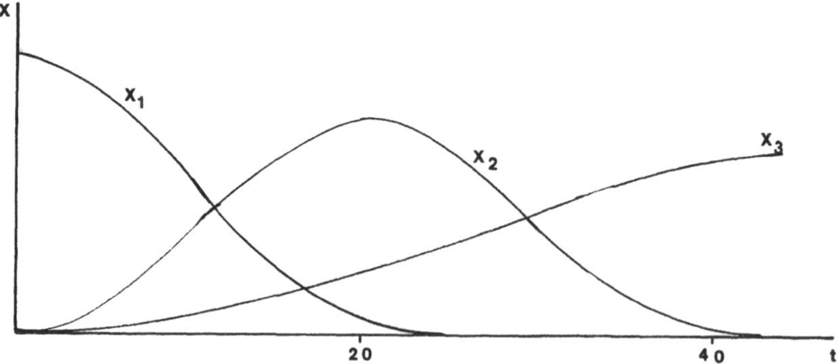

Bild 1.2: Simulationsergebnisse zur Dynamik eines epidemiologischen Prozesses. Nähere Ausführungen siehe Text.

1.3.3 Funktionstyp der Attribute

Definition 7
Ein System heißt **linear**, wenn

a) das **Superpositionsprinzip**, d.h.

$$Y_1 + Y_2 = \beta \{U_1 + U_2\} = \beta \{U_1\} + \beta \{U_2\}$$

und

b) das **Verstärkungsprinzip**, d. h.

$$V \cdot Y = \beta \{V \cdot U\} = V \cdot \beta \{U\}$$

Gültigkeit besitzen. ■

Beide Bedingungen können zur sogenannten Linearitätsrelation zusammengefaßt werden, die in Definition 8 angegeben ist.

Definition 8
Ein System $Y = \beta \{U\}$ heißt nur dann linear, wenn es die Linearitätsrelation

$$V_1 \cdot Y_1 + V_2 \cdot Y_2 = \beta \{V_1 U_1 + V_2 U_2\} = V_1 \beta \{U_1\} + V_2 \beta \{U_2\}$$

für beliebige Eingangsgrößen U_1, U_2 und beliebige Konstanten V_1, V_2 erfüllt. ■

Beispiel 4
Die in Definition 8 angegebene Linearitätsrelation ist für die beiden Abbildungen

i) $Y = \beta \{U\}$

18

ii) $Y = \beta \{U^2\}$

mit $\beta = 2$, $U_1 = 1$, $U_2 = 4$ und $V_1 = V_2 = 3$ zu überprüfen.

ad i)

$\{3 \cdot 2 + 3 \cdot 8\} = 2 \{(3 \cdot 1 + 3 \cdot 4)\} = 3 \cdot 2 \{(1) + 3 \cdot 2 (4)\}$

ad ii)

$\{3 \cdot 2 + 3 \cdot 32\} = 2 \{(3 \cdot 1 + 3 \cdot 4)^2\} = 3 \cdot 2 \{(1)^2\} + 3 \cdot 2 \{(4)^2\}$

woraus folgt, daß der Abbildung ii) genügende System ist nicht
linear.

1.3.4 Art der Beziehungen

Definition 9
Ein System wird **deterministisch** genannt, wenn sein zeitlicher
Verlauf zu jedem Zeitpunkt t exakt angebbar und daher auch
vorhersagbar ist.

Ein System heißt **stochastisch**, wenn sein Zustand vom Zufall
abhängt und zu keinem Zeitpunkt t exakt bestimmt ist.
Vorhersagen zum Systemzustand zu einem bestimmten Zeitpunkt t
sind nur mit einer gewissen Wahrscheinlichkeit möglich. Man
unterscheidet dabei

a) **stetige stochastische** Systeme (stochastische Systeme mit
   stetigen Parametern), bei denen t innerhalb eines Intervalles einen beliebigen Wert annehmen kann,
b) **diskrete stochastische** Systeme (stochastische Systeme mit
   diskreten Parametern), bei denen t nur gewisse bestimmte
   Werte annehmen kann. ■

Ein deterministisches System kann periodische, nichtperiodische oder einmalige Zustandsübergänge aufweisen. Ein stochastisches System kann stationär, nichtstationär, ergodisch oder nicht-ergodisch sein. Von großer Bedeutung sind die stationären, aber ergodischen bzw. nichtergodischen stochastischen Systeme.

Definition 10
Ein System heißt **stationär** im strengen Sinn, wenn alle Wahrscheinlichkeitsdichtefunktionen $p|X|$ unabhängig von einer Zeitverschiebung der Systemgrößen sind. Durch Bilden der Erwartungswerte

$$E \{f(X)\} = \{f(X) \; p|X|dx\}$$

können Kenngrößen stationärer Systeme bestimmt werden. ∎

Wie in [NAT 83] gezeigt, erhält man mit $f(X) = X^\beta$ für Erwartungswerte Momente der Wahrscheinlichkeitsdichtefunktionen erster und zweiter Ordnung $- \beta = 1, 2 -$, d.h. den linearen Mittelwert

$$\bar{X} = E \{X(k)\} = \int_{-\infty}^{+\infty} X(k) \; p(X) \; dX$$

oder den quadratischen Mittelwert, die Varianz,

$$\sigma^2 = E \{X^2(k)\} = \int_{-\infty}^{+\infty} X^2(k)p(X) \; dX.$$

Die bisherigen Definitionen über stochastische Systeme berücksichtigen nicht, wie in [NAT 83] gezeigt, daß im Regelfall weder die Grundgesamtheit (Ensemble) eines stochastischen Systems zur Verfügung steht, noch die Wahrscheinlichkeitsdichte- bzw. Verteilungsfunktion. Zur Beschreibung stochastischer Systeme ist eine zusätzliche Vereinfachung notwendig, die sogenannte Ergoden-Hypothese.

Definition 11

Ein **stationäres stochastisches** System $\{X(t)\}$ heißt **ergodisch** in bezug auf eine Menge M von Funktionen m $[X(t)]$, wenn für jede Funktion mεM die **Beziehung**

$$\overline{m[X(t)]} = E\{m[X(t)]\}$$

mit Wahrscheinlichkeit W = 1 gilt.∎

Definition 11 besagt, daß der zeitliche Mittelwert mit dem Ensemblemittelwert mit der Wahrscheinlichkeit 1 zusammenfällt, und damit als Grenzwert existiert. Ergänzend zur Definition 11 sei die Definition der strengen Ergodizität (Ergodizität im strengen Sinne) angegeben.

Definition 12

Ein stationäres stochastisches System heißt **streng ergodisch**, wenn die Mittelung einer Musterfunktion
$$X(t), \quad -\infty < t < \infty$$
über die Zeit gleich dem Ensemblemittelwert ist, dann gilt für alle n-Momente der Musterfunktion

$$\overline{X^n(t)} = E\{X^n(t)\} = \lim_{T \to \infty} \frac{1}{2T} \int_{-\infty}^{+\infty} X^n(t)\, dt$$

mit der Wahrscheinlichkeit W = 1. ∎

Für praktische Anwendungen genügt es oft, sich auf die Betrachtung von linearen Mittelwerten und Korrelationsfunktionen zu beschränken, weshalb eine weitere Definition sinnvoll ist [NAT 83]:

Definition 13

Ein **schwach stationär** stochastisches System heißt **schwach ergodisch** (Ergodizität im weiteren Sinn), wenn

$$\overline{X(t)} = E\{X(t)\}$$

und

$$R_{XX}(\tau) = \overline{X(t)\,X(t+\tau)} = E\{X(t)\,X(t+\tau)\} = : \Phi_{XX}(\tau)$$

mit der Wahrscheinlichkeit W = 1 gilt.∎

Definition 13 kennzeichnet damit die Ergodizität im Mittel und in Korrelation.

Aus den Definitionen ist ferner ersichtlich, daß die strenge Ergodizität auch die schwache Ergodizität umfaßt. Die Umkehrung ist allerdings nicht zulässig. Ebenfalls ist ersichtlich, daß jedes ergodische System stationär sein muß, die Umkehrung gilt wiederum jedoch nicht.

Beispiel 5
Man überprüfe, unter Zugrundelegung der Definitionen 9 bis 13, welche Art Beziehungen das nachfolgend beschriebene System erfüllt.

$$\{X_i(t)\} = \{\hat{X}_i \sin(\omega_{0t} + \varphi)\}$$

mit $\hat{X}_i$ und φi als Zufallsvariablen, wobei φi einer konstanten Verteilungsdichtefunktion in $|0-2\pi|$ genügt. Dann ist [NAT 83]

$$\overline{X_i(t)\,X_i(t+\tau)} = \lim_{T\to\infty} \frac{1}{2T} \int_{-\infty}^{+\infty} X_i(t)\,X_i(t+\tau)\,dt$$

$$= \frac{\hat{X}_i^2}{2}\cos\omega t = : R_{XX}(\tau, i) \neq \Phi_{XX}(\tau),$$

womit der zeitliche Mittelwert von der Musterfunktion abhängt.

Bezogen auf die Definition der Ergodizität bedeutet dies, das beschriebene System ist in der Art seiner Beziehungen stationär und stochastisch, aber nicht ergodisch.

1.3.5 Zeitabhängigkeit der Beziehungen

Definition 14

Ein System heißt dann **zeitvariant**, wenn mindestens eine Zustands- oder Ausgangsgröße vom Beobachtungszeitpunkt T abhängig ist. Das ist genau dann der Fall, wenn das System die Verschiebungseigenschaften nicht erfüllt.

Ein System heißt dann **zeitinvariant**, wenn seine dynamischen Eigenschaften unabhängig vom Beobachtungszeitpunkt t sind. Das ist dann der Fall, wenn das System der Verschiebungseigenschaft genügt, d. h. für beliebige (stückweise stetige) Eingangsgrößen $U(t)$ und feste, aber beliebige Verschiebungszeiten t_o gilt für alle Beobachtungszeitpunkte t

$$Y(t-t_o) = f\,\{U(t-t_o)\}$$

bzw.

$$Y(t-t_o) = L\,\{U(t-t_o)\} \;\blacksquare$$

Beispiel 6

Man überprüfe, unter Zugrundelegung von Definition 14, ein dynamisches System, das durch folgende Gleichung beschrieben ist:

$$Y = \{U(t)\ dt\}$$

Mit

$$Y(t-t_o) \;\hat{=}\; U(t-t_o)\ dt = f\,\{U(t-t_o)\} \;\hat{=}\; U(t-t_o)$$

ist ersichtlich, daß es sich im vorliegenden Fall um ein zeitinvariantes System handelt.

1.3.6 Strukturabhängigkeit

Definition 15

Ein System heißt **eindimensional**, wenn seine Zustandsvariable eine Komponente aufweist.

Ein System heißt **mehrdimensional**, wenn sein Zustandsvektor mehrere Komponenten aufweist.

Ein System heißt **endlichdimensional**, wenn sein Zustandsvektor endlich viele Komponenten aufweist.∎

Beispiel 7
Am Beispiel des nachfolgend dargestellten Strukturdiagrammes eines dynamischen Systems sollen die Dimensionen und die Zustandsgleichungen bestimmt werden.

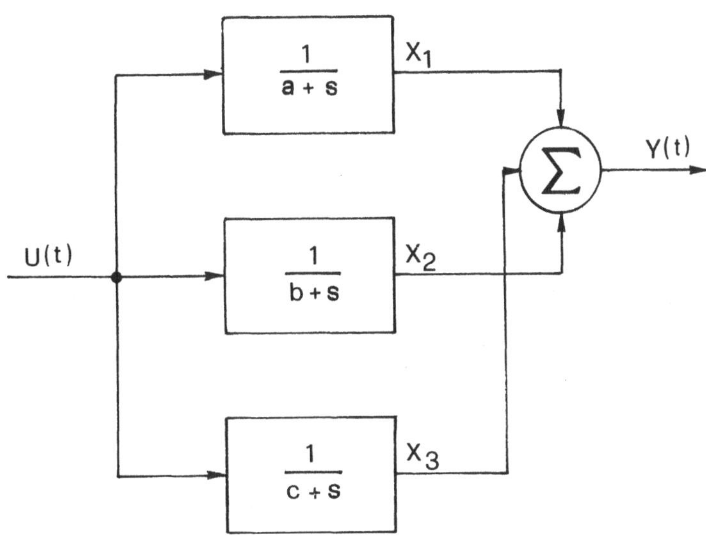

Es handelt sich um ein mehrdimensionales lineares zeitinvariantes System dritter Ordnung, was auch aus der Zustandsdarstellung ersichtlich ist.

$$\underline{\dot{X}}(t) = \begin{vmatrix} -a & 0 & 0 \\ 0 & -b & 0 \\ 0 & 0 & -c \end{vmatrix} \begin{vmatrix} X_1 \\ X_2 \\ X_3 \end{vmatrix} + \begin{vmatrix} 1 \\ 1 \\ 1 \end{vmatrix} \underline{U}(t)$$

$$Y(t) = X_1(t) + X_2(t) + X_3(t).$$

2 Mathematische Beschreibung dynamischer Systeme

2.1 Differentialgleichungen

Das zeitliche Verhalten eines dynamischen Systems läßt sich berechnen, wenn die mathematische Beschreibung dieses Systems gegeben ist. In Abhängigkeit des Anwendungszusammenhanges verwendet man gewöhnliche Differentialgleichungen bei Systemen mit konzentrierten Parametern, wohingegen partielle Differentialgleichungen bei Systemen mit verteilten Parametern Anwendung finden.

Definition 16
Man nennt die Bestimmungsgleichung einer Funktion einer unabhängigen Variablen **gewöhnliche Differentialgleichung,** wenn sie eine Ableitung der gesuchten Funktion nach der unabhängigen Variablen enthält. ∎

Definition 17
Man nennt die Bestimmungsgleichung einer Funktion mehrerer unabhängiger Variabler **partielle Differentialgleichung,** wenn die gesuchte Funktion von mehreren Variablen abhängt und damit die in der Differentialgleichung auftretenden Ableitungen partielle Ableitungen sind. ∎

Ein dynamisches System kann durch gewöhnliche Differentialgleichungen beschrieben werden wie folgt:

$$f\,(t,\, y(t),\, y(t),\dots,\, y^{n}\,(t)) = 0 \qquad (2.1\text{-}1)$$

oder

$$y^n (t) = f (t, y(t), y(t), \ldots, y^{(n-1)} (t)) \qquad (2.1\text{-}2)$$

Dabei heißt die durch Gleichung (2.1-1) beschriebene Differentialgleichung **implizit**, d. h. sie läßt sich nicht in eine explizite Differentialgleichung umformen, die Gleichung (2.1-2) zeigt.

Ziel der Berechnung von Differentialgleichungen ist es, diese in einem Zeitintervall [to, te] auszuwerten. Das Problem, die Lösung einer Differentialgleichung zu bestimmen, derart, daß die Anfangsbedingungen erfüllt werden, bezeichnet man als **Anfangswertproblem** [RIC 85].

Durch repetierende Berechnung, mit Variation der Parameter, der Differentialgleichung lassen sich auch sogenannte Randwert- und Optimierungsaufgaben lösen.

Differentialgleichungen werden nach ihrer Ordnung und ihrem Grad klassifiziert. Die Ordnung einer Differentialgleichung ist die Ordnung des höchsten auftretenden Differentialquotienten; eine Differentialgleichung ersten Grades ist linear, diejenige zweiten Grades nichtlinear.

Eine Differentialgleichung n-ter Ordnung kann man lösen, indem man alle diejenigen n-mal stetig differenzierbaren Funktionen bestimmt, die, mit ihren Ableitungen in die Differentialgleichung eingesetzt, diese identisch befriedigen. Damit erhalten wir den

Satz:
Die Lösungsgesamtheit einer Differentialgleichung n-ter Ordnung

$$y^n (x) = f (x, y, y', \ldots, y^{(n-1)})$$

besitzt n willkürliche Parameter (Lösungsmannigfaltigkeit).

Man nennt die Lösungsgesamtheit einer Differentialgleichung, die alle n willkürlichen Parameter (z.B. n freie Integrationskonstanten als Parameter) enthält, die allgemeine Lösung der Differentialgleichung. Legt man für die Parameter Werte fest, spricht man von **partikulärer Lösung**.

2.2 Die Zustandsvektordifferentialgleichung

Ein beliebiges dynamisches System n-ter Ordnung mit U(t) als Steuergröße und y(t) als Ausgangsgröße werde durch folgende Differentialgleichung n-ter Ordnung beschrieben

$$U(t) = a_n \, y^{(n)}(t) + a_{n-1} \, y^{(n-1)}(t) +, \ldots, + a_o \, y(t)$$

$$(2.2-1)$$

In Abhängigkeit der Eigenschaften des dynamischen Systems sind die Koeffizienten **zeitvariant** oder **zeitinvariant** (vgl. Abschnitt 1.3.5).

Die durch Gleichung (2.2-1) beschriebene Differentialgleichung n-ter Ordnung kann zur vereinfachten Systembeschreibung durch n-Differentialgleichungen 1. Ordnung beschrieben werden wie folgt:

$$X_1\,(t) = Y\,(t)$$

$$X_2\,(t) = Y\,(t)$$

$$\cdot$$

$$(2.2-2)$$

$$\cdot$$

$$\cdot$$

$$X_n\,(t) = Y^{(n-1)}\,(t)$$

Damit lassen sich n-Differentialgleichungen 1. Ordnung der Form gewinnen

$$\dot{X}_1(t) = f_1\,(X_1(t),\ldots,\,X_n(t),\,U(t))$$

$$\vdots$$

$$\dot{X}^n(t) = f_n\,(X_1(n),\ldots,\,X_n(t),\,U(t)) \tag{2.2-3}$$

Die Größen $X_i(t)$ nennt man **Zustandsvariable**. Die Bezeichnung kommt daher, daß man bei Kenntnis der Zustandsvariablen $X_i(t)$, der Koeffizienten a_i in Gleichung (2.2-1) und der Steuergröße $U(t)$ den Zustand des Systems zu jedem beliebigen Zeitpunkt angeben kann. Die Zustandsvariablen werden dabei so gewählt, daß sie eindeutig interpretierbare physikalische, chemische, biomedizinische etc. Größen beschreiben.

Gegenüber der durch Gleichung (2.2-1) beschriebenen Lösung des Eingangs-Ausgangs-Verhaltens beschreibt Gleichung (2.2-3) das innere (physikalische, chemische, biomedizinische etc.) Verhalten des dynamischen Systems.

Um eine formal übersichtlichere Darstellungsweise zu erreichen, faßt man die Zustandsvariablen $X_i(t)$ zu einem n-dimensionalen Vektor $\underline{X}(t)$ zusammen. Da dynamische Systeme im Regelfall mehr als eine Steuergröße aufweisen, setzt man dieses zweckmäßigerweise in einem p-dimensionalen Vektor $\underline{U}(t)$ an. Das endlichdimensionale, nichtlineare und zeitkontinuierliche mathematische Zustandsmodell für dynamische Systeme lautet dann in allgemeiner Form

$$\dot{\underline{X}}(t) = \underline{f}\,[\underline{X}(t),\,\underline{U}(t),\,t]$$

$$\underline{Y}(t) = \underline{g}\,[\underline{X}(t),\,\underline{U}(t),\,t] \tag{2.2-4}$$

mit $\underline{X}(t)$ als Zustandsvektor und $\dot{\underline{X}}(t)$ als dessen zeitlicher Ableitung, $\underline{Y}(t)$ als Ausgangsvektor, $\underline{U}(t)$ als Steuervektor sowie $\underline{f}$ und $\underline{g}$ als nichtlinearen Vektorfunktionen. In Bild 2.1 ist das

Strukturbild des Zustandsmodelles nach Gleichung (2.2-4) angegeben [MÖL 81].

Die Nichtlinearität des Zustandsmodelles ist durch das
dynamische System gegeben, z.B. durch das Auftreten von
Produkten von Zustandsvariablen oder durch Nichtlinearitäten,
wie sie z.B. "Kennlinien" darstellen.

Da lineare Differentialgleichungen numerisch leichter
handhabbar sind als nichtlineare Differentialgleichungen,
versucht man nichtlineare Differentialgleichungen zu linearisieren. In der Praxis am weitesten verbreitet hierzu ist die
Linearisierung nach der Methode der kleinen Schwingungen, was
analytisch der Taylorreihenentwicklung entspricht, die nach dem
2. Glied abgebrochen wird.

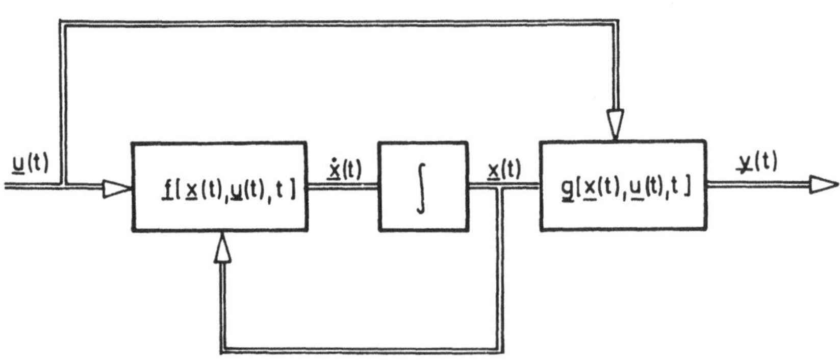

Bild 2.1 Strukturbild des Zustandsmodelles nach Gleichung
         (2.2-4)

Damit kann man für Gleichung (2.2-4) schreiben

$$\frac{d}{dt}\,(\underline{X}_o + \Delta\underline{X}) = \underline{f}\,(\underline{X}_o,\ \underline{U}_o,\ t) + \left(\frac{\partial\underline{f}}{\partial\underline{x}}\right)_o \Delta\underline{X} + \left(\frac{\partial\underline{f}}{\partial\underline{U}}\right)_o \Delta\underline{U}$$

Wir befassen uns im folgenden primär mit linearen oder linearisierbaren dynamischen Systemen und wollen deshalb den Ansatz für lineare Zustandsdifferentialgleichungen entwickeln. Um den Einfluß des Zustandsvektors $\underline{X}(t)$ und des Steuervektors $\underline{U}(t)$ auf den Zustand eines linearen dynamischen Systems zu beschreiben, setzt man für Gleichung (2.2-4) die Zustandsdifferentialgleichungen

$$\dot{\underline{X}}(t) = \underline{A}\cdot\underline{X}(t) + \underline{B}\cdot\underline{U}(t)$$

$$\underline{Y}(t) = \underline{C}\,\underline{X}(t) + \underline{D}\,\underline{U}(t)$$

$$(2.2\text{-}5)$$

an. Die System-Matrix $\underline{A}$ in Gleichung (2.2-5) ist eine quadratische (n, n)- Matrix, die Steuerungs- bzw. Eingangsmatrix $\underline{B}$ besitzt n Zeilen und p Spalten, sie ist somit eine (n, p) -Matrix, $\underline{C}$ ist eine (m,n)-Matrix und heißt Beobachtungs-, Meß- oder Ausgangsmatrix und die Durchgangsmatrix $\underline{D}$ ist eine (m, p)-Matrix.

Häufig wirkt $\underline{U}(t)$ nicht direkt, sondern nur indirekt über den Zustandsvektor $\underline{X}(t)$ auf $\underline{Y}(t)$ ein, dann gilt $\underline{D} \equiv \underline{O}$.

Sind die Elemente aller dieser vier Matrizen unabhängig von der Zeit, nennt man das dynamische System zeitinvariant, andernfalls spricht man von einem zeitvarianten dynamischen System.

Löst man die Zustandsdifferentialgleichung (2.2-5), so kann man den Zustand des linearen dynamischen Systems zu jedem künftigen Zeitpunkt angeben. Der künftige Zustand eines dynamischen Systems ist über die System-Matrix $\underline{A}$ mit dem gegenwärtigen Zustand $\underline{X}(t)$ sowie über die Steuerungs-Matrix $\underline{B}$ mit dem Eingangsvektor $\underline{U}(t)$ verknüpft, was Gleichung (2.2-5) zeigt.

Sind die Elemente der System-Matrix $\underline{A}$ und der Steuerungs-Matrix $\underline{B}$ stetige Zeitfunktionen, dann gibt es zu jedem vorgegebenen Anfangsvektor $\underline{X}(t_o)$ genau eine Lösung $\underline{X}(t)$ der Zustandsgleichung (2.2-5), sofern die Elemente des Steuervektors $\underline{U}(t)$ stückweise stetig, d.h. Funktionen sind, die in einem endlichen Zeitintervall höchstens endlich viele Sprungstellen haben und sonst überall stetig sind. Der Verlauf von $\underline{X}(t)$ kann auch für t < to berechnet werden [BRA 75]. Damit kann praktisch bei allen linearen dynamischen Systemen die Existenz einer eindeutigen Lösung der Zustandsdifferentialgleichung vorausgesetzt werden.

Die Zustandsdifferentialgleichungen des linearen dynamischen Systems nach Gleichung (2.2-5) lassen sich wiederum in einem Strukturbild darstellen, welches für den Fall $\underline{D} \equiv \underline{O}$ Bild 2.2 zeigt.

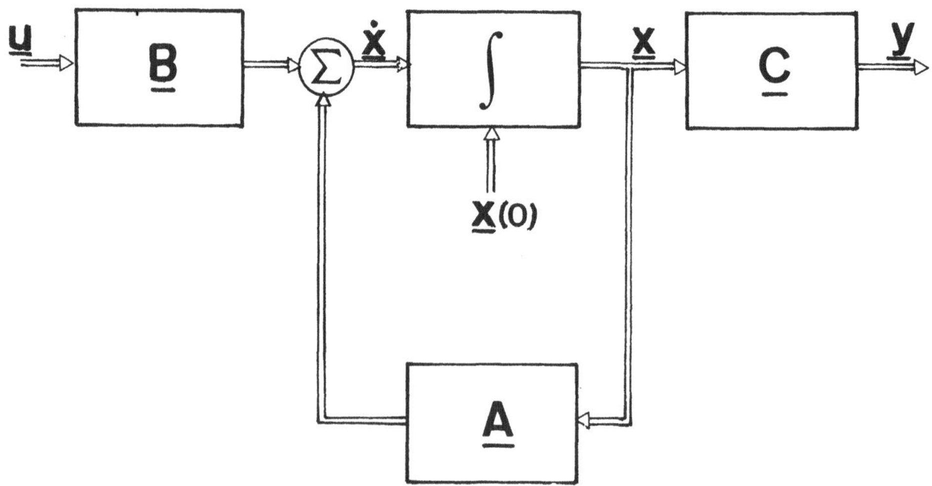

Bild 2.2 Strukturbild eines linearen Zustandsmodelles
für $\underline{D} \equiv \underline{O}$

Beispiel 8

Gegeben sei ein zylindrischer Wasserbehälter mit der Querschnittsfläche A $[m^2]$ und der Wasserhöhe X [m]. Die ausströmende Wassermenge wird proportional zur Wasserhöhe angesetzt, womit gilt Y (t) = (1/R) X (t), mit R als Abströmwiderstand.

Gesucht sind die Zustands- und die Ausgangsgleichung des dynamischen Systems.

Lösung:
Für das Zylindervolumen V des Wasserbehälters erhalten wir

$$V (t) = A \cdot X (t)$$

Die Volumenänderung V entspricht der Volumendifferenz von Zustrom U (t) und Abstrom Y (t)

$$\dot{V} (t) = U (t) - Y (t)$$

$$\text{mit} \quad Y (t) = (1/R) \, X (t)$$

Damit erhalten wir

$$A \cdot \dot{X} (t) = U (t) - (1/R) \, X (t)$$

Die Zustandsgleichung lautet somit

$$\dot{X} (t) = (1/RC) \, X (t) + (1/C) \, U (t),$$

und für die Ausgangsgleichung folgt

$$Y (t) = (1/R) \, X (t).$$

32

2.3 Die Lösung der Zustandsdifferentialgleichung

Das zeitliche Verhalten eines linearen dynamischen Systems, d.h. die Abhängigkeit des Ausgangsvektors $\underline{Y}(t)$ vom Eingangsvektor $\underline{U}(t)$ kann explizit angegeben werden, wenn es gelingt, die Zustandsdifferentialgleichung (2.2-5) zu lösen. Zur Vereinfachung wird zunächst angenommen, daß die System-Matrix $\underline{A}$ und die Steuerungs-Matrix $\underline{B}$ in Gleichung (2.2-5) konstant sind.

Es sind grundsätzlich zwei Lösungswege möglich. Der erste Weg benutzt die Laplace-Transformation von Gleichung (2.2-5) wie folgt:

$$s\underline{X}(s) = \underline{X}(o) = \underline{A}\,\underline{X}(s) + \underline{B}\,\underline{U}(s), \qquad (2.3\text{-}1)$$

wobei $\underline{X}(O)$ den Anfangszustand des Systems angibt. Löst man Gleichung (2.3-1) nach $\underline{X}(s)$ auf, erhält man

$$\underline{X}(s) = (s\underline{I}-\underline{A})^{-1}\,\underline{X}(O) + (s\underline{I}-\underline{A})^{-1}\,\underline{B}\,\underline{U}(s) \qquad (2.3\text{-}2)$$

worin s die komplexe Variable, $X(s)$ die Laplace-Transformierte zu $\underline{X}(t)$ und $\underline{I}$ die Einheitsmatrix, die wie die System-Matrix $\underline{A}$ eine quadratische (n, n)- Matrix ist.

Bei Kenntnis von $\underline{U}(s)$ kann man durch Rücktransformation von $X(s)$ den Zustandsvektor $\underline{X}(t)$ bestimmen. Wird Gleichung (2.3-2) in den Zeitbereich zurücktransformiert, so ergibt sich

$$\underline{X}(t) = L^{-1}\{(s\underline{I}-\underline{A})^{-1}\}\,\underline{X}(\underline{O}) + L^{-1}\{(s\underline{I}-\underline{A})^{-1}\}\,\underline{B}\,\underline{U}(s) \qquad (2.3\text{-}3)$$

Da die Matrix $(s\underline{I}-\underline{A})$ nur für diejenigen Werte von s, die mit den Eigenwerten der Systemmatrix $\underline{A}$ übereinstimmen, singulär werden kann, gibt es einen Bereich in der s-Ebene, links dessen alle Eigenwerte von $\underline{A}$ liegen, in dem die Matrix $(s\underline{I}-\underline{A})$ regulär ist und in dem damit deren Inverse $(s\underline{I}-\underline{A})^{-1}$ existiert [BRA 75].

Bemerkenswert an dieser Stelle ist für die Berechnung die Analogie zwischen der Beziehung

$$L^{-1}\{(s\underline{I}-\underline{A})^{-1}\} = e^{\underline{A}t}$$

und der Korrespondenz aus der Theorie der Laplace-Transformation

$$L^{-1}\{(s-a)^{-1}\} = e^{at}.$$

Der zweite Lösungsweg erfolgt über die allgemeine Lösung der linearen Zustandsdifferentialgleichung (2.2-5), wobei die Gesamtlösung aus der homogenen und der partikulären Lösung zusammengesetzt wird, welche in allgemeiner Form lautet

$$\dot{\underline{X}}(t) = \underline{X}_h(t) + \underline{X}_p(t) \tag{2.3-4}$$

Für die homogene Zustandsdifferentialgleichung

$$\dot{\underline{X}}_h(t) = \underline{A}\,\underline{X}_h(t) \tag{2.3-5}$$

wird als Lösungsansatz die Taylorreihenentwicklung um $t = o$ angesetzt wie folgt:

$$\underline{X}_h(t) = \underline{K}_o + \underline{K}_1 t + \underline{K}_2 t^2 + \ldots \tag{2.3-6}$$

wobei die $\underline{K}_i$ Vektoren mit n konstanten Elementen sind. Durch Differenzieren der Gleichungen (2.3-4) und (2.3-5) sowie Vergleich der Ergebnisse für $t = o$ lassen sich die $\underline{K}_i$ bestimmen. Für die nullte Ableitung gilt nach Gleichung (2.3-6) mit $t = o$

$$\underline{X}_h(0) = \underline{K}_o.$$

Für die erste Ableitung erhält man entsprechend

$$\dot{\underline{X}}_h(t)\big|_{t=o} = \underline{K}_1 = \underline{A}\,\underline{X}_h(t)\big|_{t=o} = \underline{A}\,\underline{X}_h(o) \tag{2.3-7}$$

bzw.

$$\underline{A}\,\underline{X}_h(o) = \underline{K}_1.$$

Für die zweite Ableitung erhält man dann mit Gleichung (2.3-7)

$$\ddot{\underline{X}}_h(t)\big|_{t=o} = 2\cdot\underline{K}_2 = \underline{A}\,\dot{\underline{X}}_h(t)\big|_{t=o} = \underline{A}\,(\underline{A}\,\underline{X}_h(o))$$

bzw.

$$1/2 \cdot \underline{A}^2\,\underline{X}_h(o) = \underline{K}_2.$$

Führt man diese Berechnungen so fort und setzt die gefundenen Ergebnisse für die $\underline{K}_i$ in Gleichung (2.3-6) ein, dann erhält man

$$\dot{\underline{X}}_h(t) = (I+\underline{A}\,t + 0.5\,\underline{A}^2\,t^2 + \ldots)\,\underline{X}_h(o).$$

Die in der Klammer stehende Potenzfunktion ist gleich ihrer Matrizenfunktion $e^{\underline{A}t}$,

$$e^{\underline{A}t} = \sum_{n=1}^{\infty} \frac{(\underline{A}\,t)^n}{n!} = \underline{I} + \underline{A}\cdot t + 0.5\,(\underline{A}^2\,t^2) + \ldots$$

so daß die **homogene** Lösung der Zustandsdifferentialgleichung lautet

$$\dot{\underline{X}}_h(t) = e^{\underline{A}t}\,\underline{X}_h(o). \tag{2.3-8}$$

Man bezeichnet die Matrizenfunktion

$$e^{\underline{A}t} = \Phi(t) \tag{2.3-9}$$

als **Fundamental-, Transitions-** oder **Zustandsübergangsma-**
trix, da sich mit ihrer Hilfe der Zustand des unerregten
dynamischen Systems für jeden beliebigen künftigen Zeitpunkt
berechnen läßt, vorausgesetzt, der Anfangszustand des Systems
ist bekannt.

Die partikuläre Lösung der Zustandsdifferentialgleichung
(2.3-4) kann mit Hilfe des Verfahrens der Variation der
Konstanten nach Lagrange bestimmt werden, welche lautet

$$\underline{X}_p (t) = \underline{\Phi} (t) \, \underline{g} (t) \qquad\qquad (2.3\text{-}10)$$

Diese Lösung muß die Zustandsdifferentialgleichung (2.3-7)
erfüllen

$$d/dt \cdot (\underline{\Phi}(t) \, \underline{g}(t)) = \underline{\dot{\Phi}}(t)\underline{g}(t) + \underline{\Phi}(t) \, \underline{\dot{g}} (t)$$

$$= \underline{A} \, \underline{\Phi} (t) \, \underline{g} (t) + \underline{B} \, \underline{U} (t)$$

$$\qquad\qquad (2.3\text{-}11)$$

Für die Ableitung der Zustandsübergangsmatrix $\underline{\Phi}$ (t) kann man
mit Gleichung (2.3-9) schreiben

$$\underline{\dot{\Phi}} (t) = d/dt \cdot e^{\underline{A}t} = \underline{A} \cdot e^{\underline{A}t} = \underline{A} \, \underline{\Phi} (t)$$

Setzt man dies in Gleichung (2.3-11) ein, erhält man

$$\underline{A} \, \underline{\Phi} (t) \, \underline{g} (t) + \underline{\Phi} (t) \, \underline{\dot{g}} (t)$$

$$= \quad \underline{A} \, \underline{\Phi} (t) \, \underline{g} (t) + \underline{B} \, \underline{U} (t)$$

bzw.

$$\underline{\dot{g}} (t) = \underline{\Phi}^{-1} (t) \, \underline{B} \, \underline{U} (t)$$

bzw.

$$\underline{g} (t) = \int_0^t \underline{\Phi}^{-1} (\tau) \, \underline{B} \, \underline{U} (\tau) \, d\tau \qquad\qquad (2.3\text{-}12)$$

Die **partikuläre** Lösung der Gleichung (2.3-10) ist mit Gleichung (2.3-12) bekannt. Zusammen mit der homogenen Lösung in Gleichung (2.3-8) lautet die Lösung der Zustandsdifferentialgleichung (2.3-4)

$$\dot{\underline{X}}(t) = X_h(t)\, X_p(t)$$

$$= \underline{\Phi}(t)\,\underline{X}(o) + \int_o^t \underline{\Phi}(t)\,\underline{\Phi}^{-1}(\tau)\,\underline{B}\,\underline{U}(\tau)\,d\tau \qquad (2.3\text{-}13)$$

2.4 Die Eigenschaften der Zustandsübergangsmatrix

In diesem Abschnitt sollen einige Eigenschaften der Zustandsübergangsmatrix (Fundamentalmatrix, Transitionssmatrix) dargestellt werden, deren Kenntnis beim Rechnen mit Zustandsvariablen von Vorteil ist [BRA 75].

1. Die Zustandsübergangsmatrix $\underline{\Phi}$ (t, to) geht für t = to in die Einheitsmatrix $\underline{I}$ über:

$$\underline{\Phi}(t, to) = \underline{I} \qquad (2.4\text{-}1)$$

Wir gehen von der Annahme aus, daß der Anfangszustand des betrachteten dynamischen Systems nicht zur Zeit t = o, sondern für t = to gegeben ist. Damit hängt die Reihenentwicklung von Gleichung (2.3-3) von to ab, so daß auch die Zustandsübergangsmatrix von to abhängt. Dies wird durch die Schreibweise $\underline{\Phi}$ (t, to) dargestellt. Für zeitinvariante dynamische Systeme gilt

$$\underline{\Phi}(t, to) = \underline{\Phi}(t\text{-}to) = e^{\underline{A}(t\text{-}to)}$$

d.h. die Zustandsübergangsmatrix hängt nur von der Zeitdifferenz ab.

Für das Produkt zweier Matrizen mit aneinandergrenzenden Zeitintervallen erhält man

$$\underline{\Phi}\,(t-t_1)\,\underline{\Phi}\,(t_1-to) = e^{\underline{A}(t-t_1)}\;e^{\underline{A}(t_1-to)}$$

$$= e^{\underline{A}(t-to)} = \underline{\Phi}\,(t-to)$$

Setzt man nun $t = to$, so folgt

$$\underline{\Phi}\,(t-to)\Big|_{t=to} = e^{\underline{A}(t-to)}\Big|_{t=to} = e^{\underline{A}\cdot o} = \underline{I}$$

und letztendlich für $t = to$

$$\underline{\Phi}(t,\,to) = \underline{I}\quad,\quad q\,.\,e\,.\,d.$$

2. Für beliebige Zeitpunkte t_o, t_1 und t_i gilt:

$$\underline{\Phi}\,(t_i,\,t_1)\,\underline{\Phi}\,(t_1,\,t_o) = \underline{\Phi}\,(t_i,\,t_o)$$

$$(2.4-2)$$

3. Die Zustandsübergangsmatrix $\underline{\Phi}\,(t_1,\,t_o)$ ist für beliebige Zeitpunkte t und to regulär, sie besitzt also stets eine Inverse. Diese gehorcht der Beziehung

$$\underline{\Phi}^{-1}\,(t_1,\,t_o) = \underline{\Phi}\,(t_o,\,t_1)\qquad\qquad(2.4-3)$$

Speziell gilt für $to = 0$ und $t_1 = t$

$$\underline{\Phi}^{-1}\,(t) = \underline{\Phi}\,(-t)$$

4. Die Zustandsübergangsmatrix $\underline{\Phi}\,(t,\,to)$ erfüllt die homogene Zustandsdifferentialgleichung (2.3-2). Es gilt

$$\dot{\underline{\Phi}}\,(t,\,to) = \underline{A}\,\underline{\Phi}\,(t,\,to).\qquad\qquad(2.4-4)$$

Dieses Differentialgleichungssystem, zusammen mit dem Anfangswert $\underline{\Phi}\,(t,\,to) = \underline{I}$, ist eine weitere Möglichkeit zur Berechnung der Zustandsübergangsmatrix, speziell bei linearen zeitvarianten dynamischen Systemen.

2.5 Lineares dynamisches System 1. Ordnung

Ein lineares dynamisches System sei durch die Differentialgleichung

$$\dot{V} = - (1/T) \, V \; + \; (C/T) \cdot p \qquad\qquad (2.5\text{-}1)$$

beschrieben. Gleichung (2.5-1) ist ein mathematischer Ansatz
zur Beschreibung der dynamischen Zustände für Druck (P) und
Volumen (V) in Abhängigkeit der Compliance (C), diese ist der
Kehrwert der Elastizität $E = 1/C$, z.B. innerhalb eines Gefäßsegmentes des Herz-Kreislaufsystems, oder eines allgemeinen
Rohrleitungssystems.
Mit $T = R \cdot C$ erhält man nach Umformung für Gleichung (2.5-1)
die **inhomogene Differentialgleichung**

$$T \cdot \dot{V} + V = C \cdot P \qquad\qquad (2.5\text{-}2)$$

Die homogene Differentialgleichung für Gleichung (2.5-2) lautet

$$T \cdot \dot{V} + V = 0.$$

Es werden zunächst die Fälle $V(t) =$ konstant und $C \cdot P(t) =$
konstant behandelt. Zur Lösung der Gleichung geht man so vor,
daß zuerst die homogene Differentialgleichung mit Hilfe des
$e^{-\lambda}$ Ansatzes gelöst wird wie folgt:

$$V = K \cdot e^{-\lambda t}$$

mit

$$\lambda = \frac{t}{T}$$

Dies führt auf die Lösung

$$V = K \cdot e^{\frac{-t}{T}}$$

Eine spezielle Lösung der inhomogenen Differentialgleichung ist [MÖL 81].

$$V = C \cdot P$$

Die allgemeine Lösung der inhomogenen Differentialgleichung beinhaltet die allgemeine Lösung der homogenen Differentialgleichung und einer speziellen Lösung der inhomogenen Differentialgleichung. Damit lautet die allgemeine Lösung

$$V = K \cdot e^{-\frac{t}{T}} + C \cdot P.$$

Die Bestimmung der Konstanten K genügt den Anfangsbedingungen

$$t = o \rightarrow e^{-\frac{t}{T}} = 1$$

Damit wird

$$V = K + C \cdot P$$

und

$$K = (V - C \cdot P)$$

Die Lösung des Anfangswertproblems lautet damit

$$V = (V - CP)\, e^{-\frac{t}{T}} + C \cdot P \qquad\qquad (2.5\text{-}3)$$

Mit der Voraussetzung, daß t in Gleichung (2.5-3) z.B. der Diastolendauer entspricht, - hierunter versteht man die Erschlaffungsphase des Herzens, die in die sogenannte Entspannungsphase, welche isovolumetrisch, d.h. ohne Änderung des Kammervolumens abläuft, und in die Füllungsphase, bei der Blut in die Vorhöfe einströmt, unterteilt ist, - erhält man eine weitere Lösung des Anfangswertproblemes mit

$$t = t_D \quad ; \quad V = V_D$$

$$V_D = (V - C \cdot P)\, e^{-\frac{t_D}{T}} + CP \qquad\qquad (2.5\text{-}4)$$

Setzt man für den Druck P in Gleichung (2.5-4) die für die
jeweils betrachtete Herzhälfte gültigen Drucke ein, nämlich
linksseitig den venös-systemischen Druck (PVS) und rechtsseitig
den venös-pulmonalen Druck (PVP), dann erhält man unter
Einbezug der Gleichung für das endsystolische Volumen

$$V = (1 - KL/PAS)\ V_D$$

für das enddiastolische Kammervolumen die allgemeine Lösung

$$V_D = \frac{C \cdot P\,(1- e^{-\frac{t_D}{T}})}{1-e^{-\frac{t_D}{T}} + \frac{K}{P} \cdot e^{-\frac{t_D}{T}}} \qquad (2.5\text{-}5)$$

mit K als Maß der sogenannten Kontraktilität des Herzens. Unter
Kontraktilität versteht man in der Physiologie, die Kraft des
Herzens, ein bestimmtes Blutvolumen, auszuwerfen.

2.6 Systeme von Differentialgleichungen

Versucht man das zeitliche Verhalten dynamischer Systeme mit
mehreren sich gegenseitig beeinflussenden Variablen
mathematisch zu beschreiben, gelangt man zu Systemen von
Differentialgleichungen. Diese können als linear unabhängige
als auch gekoppelte Differentialgleichungssysteme auftreten.

Als Beispiel eines Differentialgleichungssystems wird ein
dynamisches biomedizinisches System betrachtet, welches die
Zufuhr, Verteilung und Ausscheidung eines Medikamentes zum
Gegenstand hat. Man spricht in diesem Zusammenhang auch von
Pharmakokinetik. Die Pharmakokinetik beschreibt dabei den
zeitlichen Verlauf der Pharmakokonzentration in Abhängigkeit
von dessen Dosierung (Medikamentenmenge). Demgegenüber ist
Aufgabe der **Pharmakodynamik** die Pharmakokonzentration in
Beziehung zur Wirksamkeit zu setzen, d.h. im Regelfall diese
auf eine Meßgröße beziehen.

Der Stoffaustausch im Organismus kann mathematisch durch eine lineare Differentialgleichung des Types

$$\dot{X}_i = -K_i \cdot X_i + U_i \qquad (2.6-1)$$

beschrieben werden, wobei die, das dynamische System charakterisierenden Strukturelemente, als dessen **Kompartimente** aufgefaßt werden. Das negative Vorzeichen in Gleichung (2.6-1) kennzeichnet dabei eine Abnahme der Stoffkonzentration im betroffenen Systemabschnitt, wobei X_i die Zustandsgrößen der Systemabschnitte und U_i die Steuer- bzw. Eingangsgrößen sind - hier die zugeführten Stoffmengen, welche entweder von außen zugeführt oder von einem inneren Strukturelement herrühren können -. Man kann auf diese Weise ein biomedizinisches System durch eine endliche Anzahl von Kompartimenten abstrahieren (Multikompartment-Modelle). Bedenkt man dabei, daß dadurch äußerst komplizierte Zusammenhänge zwischen physiko-chemischen Reaktionen und Transportprozessen, welche an die komplexe Morphologie des lebendigen Organismus gebunden sind, beschrieben werden können, dann erkennt man die Bedeutung dieses Verfahrens. Die Tatsache nämlich, daß die Transport- und Eliminationsprozesse von Pharmaka auf diese Weise beschreibbar sind, ermöglicht es, deren Verteilung im Organismus vorherzusagen und optimale Dosisprofile zu ermitteln [MÖL 87a, MÖL 87b].

Wie aus dem in Bild 2.3 dargestellten Blockdiagramm ersichtlich, wobei jeder Block ein Kompartiment des auf diese Weise abstrahierten Organismus darstellt, ist der Weg, längs dem Stoffaustausch zwischen den Kompartimenten oder Stoffzufuhr in das betreffende Strukturelement bzw. Elimination auftritt, durch einen Pfeil gekennzeichnet.

Es wird für die folgenden Betrachtungen angenommen, daß sich die physiko-chemischen Reaktionen und die Elimination wie chemische Reaktionen 1. Ordnung beschreiben lassen, d.h. die Umwandlungsgeschwindigkeiten sind der vorhandenen Menge proportional. Damit ist folgender Ansatz in Zustandsform gerechtfertigt:

$$\dot{X}_1 = -K_{12}\, X_1 + U \quad ; \quad X_1(o) = X_{10} \qquad (2.6-2)$$

$$\dot{X}_2 = K_{12} \cdot X_1 - K_2 X_2 \quad ; \quad X_2(o) = X_{20}$$

$$(2.6-3)$$

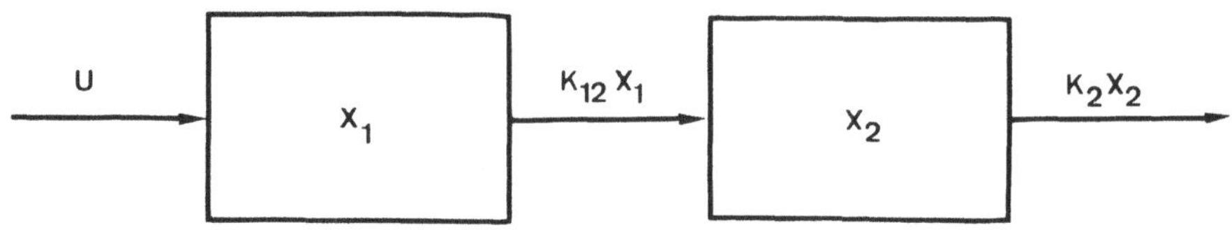

X_1 : Gastrointestinaler Trakt

X_2 : Blutbahn

U : Medikamentenzufuhr

K_1, K_2 : Transportratenabhängige
Parameter

Bild 2.3 Blockdiagramm eines Zwei-Kompartiment Modelles zur Pharmakokinetik

Die Gleichungen (2.6-2) und (2.6-3) sind **gekoppelte Differentialgleichungen.** Gleichung (2.6-2) beschreibt den Abbau der zugeführten Menge des Pharmakons, z.B. im gastrointestinalen Trakt X_1 (Magen-Darm-Trakt), die mit der Verteilungsgeschwindigkeit $K_{12}\, X_1$ in den Verteilungsraum X_2 (z.B. Blutbahn, Gewebe) hinströmt. Die Stoffkonzentration im Verteilungsraum X_2 wird, was Gleichung (2.6-3) zeigt, mit der Geschwindigkeit $K_{12}\, X_1$ erzeugt und mit der Ausscheidungsgeschwindigkeit $K_2 \cdot X_2$ eliminiert.

Das durch die Gleichungen (2.6-2) und (2.6-3) beschriebene Zustandsmodell ist 2. Ordnung und linear, wobei die erste Zustandsdifferentialgleichung von der zweiten entkoppelt ist. Das Differentialgleichungssystem ist daher analytisch nicht schwierig und läßt sich elementar lösen. Mit den Anfangswerten $X_1(0) = X_{10} = A$ und $X_2(0) = X_{20} = 0$ läßt sich Gleichung (2.6-2) integrieren (inhomogene Differentialgleichung), und man erhält mittels des $e^{-\lambda}$ Ansatzes

$$X_1(t) = A \, e^{-K_{12}t} \qquad (2.6-4)$$

Setzt man die so gewonnene Gleichung (2.6-4) in Gleichung (2.6-3) ein, erhält man

$$X_2(t) = A \, e^{-K_{12}t} - K_2 \cdot X_2 \qquad (2.6-5)$$

Gleichung (2.6-5) ist eine lineare homogene Differentialgleichung 1. Ordnung. Durch die Anfangsbedingungen $X_1(0) = A$ und $X_2(0) = 0$ erhält man als Lösung des Anfangswertproblems

$$X_2(t) = \frac{A \cdot K12}{K12-K2} \, (e^{-K2t} - e^{-K12t})$$

Das durch die Gleichungen (2.6-2) und (2.6-3) beschriebene System von Differentialgleichungen ist von allgemeiner Natur. Die beiden Gleichungen beschreiben ebenfalls den aus der Physik bekannten zweistufigen Zerfall eines Nuklids. X_1 bedeutet dann die Menge des Mutterkernes und X_2 die Menge des Tochterkernes [RIC 85].

Eine weitere Anwendung der Gleichungen (2.6-2) und (2.6-3) ist bei der Beschreibung ökologischer Prozesse gegeben, wo z.B. der Abbau einer organischen Substanz in zwei Stufen untersucht wird [RIC 85].

2.7 Lineare dynamische Systeme in diskreter Zeit

Die bislang angestellten Betrachtungen haben stillschweigend

44

vorausgesetzt, das die Steuergrößen $U_i(t)$ linearer dynamischer Systeme kontinuierliche Zeitfunktionen sind, deren Funktionswerte sich zu jedem Zeitpunkt ändern können. Weiterhin war vorausgesetzt worden, daß die Ausgangsgrößen $Y_i(t)$ zu jedem Zeitpunkt bekannt sind, was bereits aus Definition 6 bekannt ist. Nach Definition 6 heißt ein dynamisches System diskret in der Zeit, wenn sein Zustandsvektor $\underline{X}$ nur zu diskreten Zeitpunkten t_K durch den Eingangsvektor $\underline{U}$ steuerbar ist, d.h. daß sich die Funktionswerte des Steuervektors (Eingangsvektor) nur zu diskreten Zeitpunkten t_o, t_1, t_2, $\ldots$ ändern können, dazwischen aber konstante Werte annehmen. Die Zeitpunkte t_o, t_1, t_2, $\ldots$ brauchen nicht äquidistant zu sein, es soll lediglich gelten

$$t_{K+1} > t_K \; ; \; K = o, 1, \ldots$$

Für den Zustandsvektor $\underline{x}(t)$ nach Gleichung (2.3-11) gilt zu den diskreten Zeitpunkten t_o, t_1, t_2, $\ldots$,

$$\underline{X}(t_{K+1}) = \underline{\Phi}(t_{K+1}, t_K)\,\underline{X}(t_K) + \int_{t_K}^{t_{K+1}} \underline{\Phi}(t_{K+1})\,\underline{B}(\tau)\,\underline{U}(\tau)\,d\tau \tag{2.7-1}$$

mit

$$\underline{U}(t) = U(t_K) \text{ für } t_K \leq t \leq t_{K+1} \tag{2.7-2}$$

Gemäß Gleichung (2.7-2) ist der Steuervektor $\underline{U}(t)$ im Integrationsintervall konstant, womit für Gleichung (2.7-1) folgt

$$\underline{X}(t_{K+1}) = \underline{\Phi}(t_{K+1}, t_K)\,\underline{X}(t_K) + \int_{t_K}^{t_{K+1}} \underline{\Phi}(t_{K+1}, \tau)\,B(\tau)\,d\tau\,\underline{U}(t_K) \tag{2.7-3}$$

Mit den Abkürzungen [BRA 75]

$$\underline{A}(K) := \underline{\Phi}(t_{K+1}, t_K) \tag{2.7-4}$$

und

$$\underline{B}\,(K) := \int_{t_K}^{t_{K+1}} \Phi(t_{K+1},\,\tau)\,\underline{B}\,(\tau)\,d\tau \qquad (2.7\text{-}5)$$

die für K = 0,1.. gelten sollen, erhält man als **Vektordiffe-renzengleichung**

$$\underline{X}\,(t_{K+1}) = \underline{A}\,(K)\,\underline{X}\,(t_K) + \underline{B}\,(K)\,\underline{U}\,(t_K) \qquad (2.7\text{-}6)$$

Die Lösung der Vektordifferenzengleichung (2.7-6) erhält man, wenn man diese für K = 0, K = 1 etc. hinschreibt und diese Gleichungen dann sukzessive unter Berücksichtigung der Beziehungen in den Gleichungen (2.7-4) und (2.4-2) ineinander einsetzt zu [BRA 75].

$$\underline{X}\,(t_K) = \underline{\Phi}(t_K,\,t_0)\,\underline{X}\,(t_0) + \sum_{V=0}^{K-1} \underline{\Phi}\,(t_K,\,t_{V+1})\,\underline{B}(V)\,\underline{U}\,(t_V) \qquad (2.7\text{-}7)$$

mit $\underline{X}\,(t_0)$ als bekannt angenommenen Anfangszustand. Mittels Gleichung (2.7-7) kann der Ausgangsvektor

$$\underline{Y}\,(t_K) = \underline{C}\,(K)\,\underline{X}\,(t_K) + \underline{D}\,(K)\,\underline{U}\,(t_K)$$

mit $\qquad \underline{C}\,(K) := \underline{C}\,(t_K)$

und $\qquad \underline{D}\,(K) := \underline{D}\,(t_K)$

zu den gewünschten diskreten Zeitpunkten berechnet werden.

2.8 Existenz und Eindeutigkeit von Lösungen

Die allgemeine mathematische Beschreibung eines zeitkontinuier-lichen dynamischen Systems ist durch eine Vektordifferential-gleichung der Form

$$\dot{\underline{x}}\,(t) = \underline{f}\,[\underline{x}\,(t),\ \underline{U}\,(t),\ t] \qquad\qquad (2.8\text{-}1)$$

und einer Ausgangsgleichung

$$\underline{y}\,(t) = \underline{g}\,[\underline{x}\,(t),\ \underline{U}\,(t),\ t] \qquad\qquad (2.8\text{-}2)$$

gegeben. Bei der Einführung der Zustandsvariablen wurde der Zustandsvektor so definiert, daß seine Kenntnis zum Zeitpunkt t_o ausreichend ist, um bei bekanntem Steuervektor $\underline{U}\,(t_o,\ t)$ den Zustand $x\,(t)$ und über die Ausgangsgleichung (2.8-2) den Ausgangsvektor $\underline{y}\,(t)$ für alle $t \geq t_o$ eindeutig bestimmen zu können.

Die Eindeutigkeit der Zustandsfunktion $\underline{x}\,(\dot{})$ ist eine Forderung, die an jede mathematische Beschreibung eines dynamischen Systems gestellt werden muß, da eine mathematische Beschreibung, die mehrere Lösungen liefert, nicht verwendbar ist [LUD 77].

Neben der Eindeutigkeit, d. h. daß es **höchstens** eine Lösung der Differentialgleichung gibt, muß auch die Existenz einer Lösung gefordert werden, d. h. es muß **mindestens** eine Lösung geben, da ansonsten die mathematische Beschreibung unbrauchbar ist.

Die Voraussetzungen, unter denen die Existenz und Eindeutigkeit von Lösungen bewiesen werden kann, sollen nachfolgend soweit dargestellt werden, wie es für technische und nicht-technische dynamische Systeme erforderlich ist. Dazu setzen wir voraus, daß die Komponenten f_i der Vektorfunktion $\underline{f}$ in Gleichung (2.8-1) in Abhängigkeit von der Zeit stückweise stetig sind, d. h. sie sind dadurch gekennzeichnet, daß sie in jedem endlichen Zeitintervall nur endlich viele Unstetigkeitsstellen aufweisen und daß an einer solchen Unstetigkeitsstelle der linke und der rechte Grenzwert existiert und endlich ist. Man nennt eine solche Funktion auch Funktion mit beschränkter Schwankung [LUD 77].

Ausgehend von der expliziten Differentialgleichung 1. Ordnung in Gleichung (2.1-2) schreiben wir

$$\dot{y}\,(t) = f\,(x,\,y) \qquad\qquad (2.8\text{-}3)$$

die für die Anfangsbedingung

$$y\,(t_0) = y_0 \qquad\qquad (2.8\text{-}4)$$

gelöst werden soll. Gibt es um einen Punkt x_0, y_0 eine abgeschlossene Umgebung,

$$(B)\;:\;|\,x - x_0\,| \leq a,\;|\,y - y_0\,| \leq b \qquad\qquad (2.8\text{-}5)$$

in welcher die Funktion $f\,(x,\,y)$ stetig und beschränkt ist, und einer **Lipschitz-Bedingung** in der Gestalt

$$\left|\;\frac{f\,(x_1,\,y_1) - f\,(x,\,y_2)}{y_1 - y_2}\;\right| < K \qquad\qquad (2.8\text{-}6)$$

genügt, mit K als positive Zahl derart, daß für zwei Punkte x, y_2 und x, y_1 auf einer zur y-Achse parallelen Strecke des Bereiches (B) stets die **Lipschitz-Bedingung** erfüllt ist, denn dann gibt es genau eine Lösung $y = y\,(x)$, welche die Differentialgleichung (2.8-3) unter Berücksichtigung der Anfangsbedingung Gleichung (2.8-4) löst. Damit gilt folgender Existenz- und **Eindeutigkeitssatz:**

Die Differentialgleichung (2.8-3)

$$\dot{Y} = f\,(x,\,y)$$

hat im Bereich (B) genau eine Lösung $y = y(x)$, welche für $x = x_0$ die Anfangsbedingung $y = y\,(x_0) = y_0$ erfüllt, d.h. durch den Punkt $(x_0,\,y_0)$ geht genau eine Integralkurve. ∎

48

Beweis:

Da die Differentialgleichung (2.8-3)

$$\dot{y} = f(x, y)$$

in (B) stetig ist, gilt dort

$$|f(x, y)| \leqq M.$$

Schränken wir x auf das Intervall

$$|x - x_o| \leq h$$

ein, mit

$$h = \text{Min} \left| a, \frac{b}{M} \right|, \quad \text{d. h.} \quad \begin{array}{l} h \leq a \\[4pt] hM \leq b \end{array}$$

so gilt die folgende **Ungleichungskette:**

$$|y_1 - y_o| \leq M |x - x_o| \leq b .$$

Dies bedeutet, daß für $|x - x_o| \leq h$ keine der Funktionen $y_\nu(x)$ (für alle $\nu \geq 1$) den Bereich (B) verläßt, in dem f (x, y) als stetig vorausgesetzt worden war. Durch Schluß von ν auf $\nu + 1$ findet man, daß auch alle weiteren Näherungen $y_k(x)$ für $|x - x_o| \leq h$ stetig sind und in (B) verlaufen.

Wir betrachten weiter

$$|y_1 - y_o| = \left| \int_{x_o}^{x} f(x, y_o)\, dx \right| < M |x - x_o| \leq Mh$$

$$(2.8-7)$$

Durch Wiederholung dieses Schlusses ergibt sich schließlich als vollständige Induktion

$$| y_n - y_{n-1} | < M K^{n-1} | \frac{x - x_0}{n!} |^n < \frac{Mh^n K^{n-1}}{n!} \qquad (2.8\text{-}8)$$

Betrachten wir die unendliche Reihe

$$y_0 + (y_1 - y_0) - (y_2 - y_1) t \ldots + (y_n - y_{n-1}) + \ldots \qquad (2.8\text{-}9)$$

und vergleichen diese mit der Reihe

$$y_0 + \frac{M}{K} \sum_{n=1}^{\infty} \{ \frac{K | x - x_0 |}{n!} \}^n = y_0 + \frac{M}{K} \{ e^{K | x - x_0 |} - 1 \} \qquad (2.8\text{-}10)$$

so erkennt man in Gleichung (2.8-10) eine **konvergente Majorante** der Reihe nach Gleichung (2.8-9). Diese Reihe selbst konvergiert absolut und gleichmäßig gegen eine **Grenzfunktion** $y(x)$

$$\lim_{n \to \infty} y_n(x) = y(x) \qquad (2.8\text{-}11)$$

Da sämtliche Glieder der Reihe (2.8-7) stetige Funktionen darstellen, folgt, daß auch die Grenzfunktion (2.8-11) eine stetige Funktion ist.

Wir können nun weiterhin schreiben, wenn wir die Differentialgleichung (2.8-3) integrieren

$$\lim_{n \to \infty} y_n(x) = \lim \{ y_0 + \int_{x_0}^{x} f[x, y_{n-1}(x)] \, dx \} \qquad (2.8\text{-}12a)$$

$$= y_0 + \int\limits_{x_0} \lim_{n \to \infty} f\, [\; x,\; y_{n-1}\; (x)\; dx\;]$$

$$(2.8\text{-}12b)$$

$$= y_0 + \int\limits_{x_0} f\, [\; x,\; \lim\; y_{n-1}\; (x)\;]\; dx$$

$$(2.8\text{-}12c)$$

Gleichung (2.8-12b) kennzeichnet die gleichmäßige **Konvergenz**, Gleichung (2.8-12c) die **Stetigkeit** von f (x).

Daß die so ermittelte Lösung die einzige Lösung mit dem Anfangswert y_0 ist, sieht man, wenn es außer y (x) noch eine weitere Funktion n (x) gibt, die Lösung von Gleichung (2.8-3) wäre. Dann ergibt sich ähnlich wie oben

$$|\; n - y_0\; | \;\leq\; M\; |\; x - x_0\; |,$$

$$|n - y_1| \;=\; \int\limits_{x_0}^{x} \{\; f[x,\; n\; (x)] \;-\; f(x, y_0)\; \} < MK\; \left|\frac{x-x_0}{2}\right|^2$$

$$|\; n - y_{n-1}\; | \;<\; M\; K^{n-1}\; \left|\; \frac{x-x_0}{n}\; \right|^{\,n} \;\leq\; \frac{M}{K}\; \frac{(Kh)^n}{n!}$$

$$(2.8\text{-}13)$$

Für $n \to \infty$ geht $\frac{(Kh)^n}{n!}$ wegen Konvergenz der Exponentialreihe e^{Kh} gegen Null, es ist also

$$n \;=\; \lim_{n \to \infty} y_n \;=\; y$$

Die Annahme, daß es außer y (x) noch eine zweite, von y (x) verschiedene Lösungsfunktion n (x) gibt, die beide den gleichen Anfangsbedingungen genügen, hat sich als nicht richtig erwiesen.

2.9 Stationarität und Stabilität

Als **stationäre Lösung** bzw. als **stationären Zustand** bezeichnet man nach Definition 4 diejenige Lösung einer Differentialgleichung, für die die Ableitungen Null werden.

Die Kenntnis der stationären Lösung allein reicht im Regelfall nicht aus, um das dynamische Verhalten eines Systems zu charakterisieren, was Abschnitt 1.3 zeigte.

Von besonderem Interesse ist vielmehr, wie sich ein dynamisches System bei Störungen verhält, welches sich in der Nähe des stationären Zustandes bewegt. Mit anderen Worten, es interessiert das Stabilitätsverhalten der stationären Lösungen [RIC 85].

Im folgenden werden die Kriterien für die **Stabilität** der Lösungen eines Differentialgleichungssystems für die n Zustandsvariablen $y_1, \ldots, y_n$ der Form

$$\dot{y} = f\,(y_1, \ldots, y_n) \qquad\qquad (2.9\text{-}1)$$

angegeben.

Die Verfahren zur **Stabilitätsanalyse** eindimensionaler Differentialgleichungen lassen sich leicht auf mehrdimensionale Systeme übertragen. An die Stelle der Zustandsvariablen tritt in diesem Fall der Zustandsvektor.

Der Stabilitätsbegriff ist intuitiv einsichtig [RIC 85]: eine Lösung y(t) heißt **stabil**, wenn kleine Änderungen der Anfangswerte nicht zu Lösungen führen, die sich von y(t) wesentlich unterscheiden. Mit anderen Worten: die Lösung y(t) wird dann als **stabil** bezeichnet, wenn jede Lösung x(t), die zum Zeitpunkt t=0 in einer hinreichend kleinen Umgebung von y(t=0) startet, für alle späteren Zeitpunkte nahe bei y(t) verläuft. Diese anschauliche Definition läßt sich mathematisch wie folgt formulieren:

52

Definition 18

Die Lösung $y(t)$ der Differentialgleichung (2.9-1) heißt stabil, wenn für jedes $\varepsilon > 0$ ein $\delta = \delta(\varepsilon) > 0$ existiert, so daß für jede Lösung $x(t)$ mit

$$\| x(0) - y(0) \| < \delta(\varepsilon)$$

die Bedingung

$$\| x(t) - y(t) \| < \varepsilon$$

für alle $t > 0$ erfüllt ist. ∎

Entsprechend definiert man die Stabilität für eine stationäre Lösung y_s [RIC 85]:

Definition 19

y_s heißt **stationäre Lösung** oder **Gleichgewichtspunkt**, wenn $F(y_s) = 0$ ist. ∎

Definition 20

Die **stationäre Lösung** y_s des Differentialgleichungssystems (2.9-1) heißt **stabil**, wenn zu jedem $\varepsilon > 0$ ein $\delta > 0$ existiert, derart, daß für jede Lösung $y(t)$ mit

$$\| y(0) - y_s \| < \delta$$

auch die Bedingung

$$\| y(t) - y_s \| < \varepsilon$$

erfüllt ist für alle $t>0$. ∎

Definition 21

Die Lösung heißt darüber hinaus **asymptotisch stabil**, wenn zusätzlich ein festes $\delta > 0$ existiert, derart, daß

$$\lim_{t \to \infty} y(t) = y_s$$

für alle Lösungen mit

$$|| \, y(0) - y_s \, || < \delta$$

gilt. ∎

2.9.1 Stabilitätsanalyse linearer dynamischer Systeme

Zur Stabilitätsanalyse linearer Differentialgleichungssysteme der Form

$$\dot{X} = A \, X \tag{2.9-2}$$

wird die allgemeine Lösung, wie in Abschnitt 2.3 gezeigt, durch **Linearkombinationen** von Termen der Form $a(t) \, \exp \, (\lambda_i t)$ erreicht, wobei die $a(t)$ Polynome in t oder Konstanten sind. Die λ_i sind die **Eigenwerte** der Systemmatrix A. Die Eigenwerte können real oder komplex sein. Wenn komplexe Anteile auftreten, verhält sich das System oszillatorisch [RIC 85].

Stabilitätsuntersuchungen linearer dynamischer Systeme beruhen auf folgendem Satz:

Satz:
Jede Lösung $X(t)$ von (2.9-2) ist stabil, wenn alle Eigenwerte der Matrix A negative Realteile besitzen. ∎

Beispiel 9
Für das in Abschnitt 2.6 entwickelte lineare Differentialgleichungssystem (2.6-2) und (2.6-3) soll obiger Satz verdeutlicht werden. Dieses System hat die einzige stationäre Lösung

$$X_s = \begin{vmatrix} X_{s1} \\ \\ X_{s2} \end{vmatrix} = \begin{vmatrix} 0 \\ \\ 0 \end{vmatrix}$$

Die **Systemmatrix** ist

$$A = \begin{vmatrix} -k_{12} & 0 \\ \\ k_{12} & -K_2 \end{vmatrix} \tag{2.9-3}$$

Die **Eigenwerte** der Matrix A sind die Lösung des charakteristischen Polynoms

$$\det(A - \lambda\, I) = 0 \tag{2.9-4}$$

oder ausgeschrieben

$$\det \begin{vmatrix} -k_{12} - \lambda & 0 \\ \\ k_{12} & -k_2 - \lambda \end{vmatrix} = (-k_{12} - \lambda)\,(-k_2 - \lambda) = 0. \tag{2.9-5}$$

Die beiden Eigenwerte $\lambda_1 = -k_{12}$ und $\lambda_2 = -k_2$ sind negativ. Die stationäre Lösung ist stabil. Da die Lösung von (2.6-2) und (2.6-3) für $t \to \infty$ gegen Null geht, ist die stationäre Lösung sogar **asymptotisch stabil**.

2.9.2 Stabilitätsanalyse nichtlinearer dynamischer Systeme

Bei der Untersuchung der Stabilität nichtlinearer Systeme greift man auf die Analyseverfahren linearer Systeme zurück, indem man das nichtlineare System in der Umgebung der stationären Lösung durch eine **Taylorreihenentwicklung** linearisiert. Das entspricht dem gemachten Ansatz $y(t) = y + u(t)$. Der folgende Satz liefert ein leicht anwendbares Verfahren zur **Stabilitätsuntersuchung** nichtlinearer Syteme.

Satz:

Unter der Voraussetzung, daß die Komponenten f_i $(y_1, \ldots, y_n)$, $i = 1, \ldots, n$ des Differentialgleichungssystems $y=F$ $(y_1, \ldots, y_n)$ stetige partielle Ableitungen 2. Ordnung besitzen, gilt: die stationäre Lösung des Systems ist asymptomisch stabil, wenn die Realteile der Eigenwerte der Jacobimatrix J an der Stelle y_s

$$J(y_s) = \begin{vmatrix} \dfrac{\partial f_1}{\partial y_1} & \dfrac{\partial f_1}{\partial y_2} & \cdots & \dfrac{\partial f_1}{\partial y_n} \\ \dfrac{\partial f_2}{\partial y_1} & \dfrac{\partial f_2}{\partial y_2} & \cdots & \dfrac{\partial f_2}{\partial y_n} \\ \cdot & \cdot & & \cdot \\ \cdot & \cdot & & \cdot \\ \cdot & \cdot & & \cdot \\ \dfrac{\partial f_n}{\partial y_1} & \dfrac{\partial f_n}{\partial y_2} & \cdots & \dfrac{\partial f_n}{\partial y_n} \end{vmatrix} y_s \qquad (2.9\text{-}6)$$

alle negativ sind. ∎

Die Anwendung dieses Satzes soll an zwei Beispielen erläutert werden [RIC 85].

Beispiel 10

Für das Differentialgleichungssystem

$$\dot{y}_1 = -a \quad y_1$$

$$\dot{y}_2 = b \quad y_2 - c\, y_1\, y_2,$$

welches die Wechselwirkung zwischen einem zerfallenen Insektizid und einer exponentiell wachsenden Population beschreibt, lautet die einzige stationäre Lösung

$$y_s = \begin{vmatrix} y_{s1} \\ y_{s2} \end{vmatrix} = \begin{vmatrix} 0 \\ 0 \end{vmatrix}$$

Die Jacobimatrix dieses Differentialgleichungssystems an der Stelle y_s lautet

$$J(y_s) = \begin{vmatrix} -a & 0 \\ -cy_{s2} & b-cy_{s1} \end{vmatrix} \qquad (2.9-7)$$

Für die stationäre Lösung hat die Matrix J die Eigenwerte $\lambda_1 = -a$ und $\lambda_2 = b$. Da ein Eigenwert einen positiven Wert annimmt, ist die stationäre Lösung nicht stabil.

Beispiel 11

Das im vorigen Beispiel behandelte Modell wird durch die Annahme eines **retardierten Wachstums** der Population modifiziert.

Außerdem werde ein Insektizid mit einer konstanten Geschwindigkeit v dem System zugeführt. Die Gleichungen lauten dann:

$$\dot{y} = -a\, y_1 + v \qquad (2.9-8)$$

$$\dot{y}_2 = by_2 \left(1 - \frac{y_2}{a}\right) - cy_1\, y_2 \qquad (2.9-9)$$

Das System hat zwei stationäre Lösungen y_{s1} und y_{s2} der Form:

$$Y_{s1} = \begin{vmatrix} \dfrac{v}{a} \\ 0 \end{vmatrix} \quad ; \quad Y_{s2} = \begin{vmatrix} \dfrac{v}{a} \\ K\left(1 - \dfrac{cv}{ba}\right) \end{vmatrix}$$

Die **Jacobimatrix** lautet:

$$J(y_s) = \begin{vmatrix} -a & 0 \\ -cy_{s2} & b\left(1 - 2\dfrac{Y_{s2}}{a} - cY_{s1}\right) \end{vmatrix} \qquad (2.9-10)$$

und hat für den stationären Zustand y_{s1} die Eigenwerte λ_1 = -a und λ_2 = b - (cv/a).

Der Eigenwert λ_1 ist immer negativ, der Eigenwert λ_2 nur, wenn

$$v > \frac{ba}{c} \ .$$

Die Eigenwerte für den stationären Zustand y_{s2} sind λ_1 = -a, und λ_2 = -b + $\frac{cv}{a}$. λ_2 ist nur dann negativ, wenn v < $\frac{ba}{c}$ ist.

2.10 Steuerbarkeit und Beobachtbarkeit

In der modernen Theorie zur Analyse dynamischer Systeme spielt das von Kalman [KAL 63] eingeführte Begriffspaar **Steuerbarkeit** und **Beobachtbarkeit** eine wichtige Rolle. Es gibt die notwendige und manchmal die hinreichende Bedingung der Existenz der Lösung an, d. h. ob in dem untersuchten dynamischen System alle Zustände durch die Steuergrößen in linear unabhängiger Weise beeinflußbar sind, bzw. ob aus den Ausgangsgrößen auf den Systemzustand geschlossen werden kann [MÖL 83].

Betrachtet man lineare dynamische Systeme von einem allgemeinen Standpunkt, dann bilden diese den Raum der stückweise stetigen **Eingangsvektorfunktion** $\underline{U}^r$ (t_o, t_1) linear auf den **Zustandsraum** $\mathbb{R}^n$, und den **Zustandsraum** $\mathbb{R}^n$ linear auf den **Ausgangsraum** $\underline{Y}^p$ (t_o, t_1) ab. Die **Fundamentalmatrix** $\emptyset$ (t, t_o) bildet den Zustandsraum $\mathbb{R}^n$ linear in sich ab. Die Eigenschaften der linearen Abbildungen $\emptyset$ (t, t_o), F und L in Bild 2.4 stimmen mit denen bei linearen dynamischen Systemen überein [HAR 76]. Zu jedem Zustandsmodell in kontinuierlicher Zeit nach Gleichung (2.2-5)

$$\dot{\underline{X}}\,(t) = \underline{A}^{(t)}\,\underline{X}\,(t) + \underline{B}(t)\,\underline{U}\,(t);\ \underline{X}_O = \underline{X}\,(t_o)$$

$$\underline{Y}\,(t) = \underline{C}^{(t)}\,\underline{X}\,(t)$$

und in diskreter Zeit nach den Gleichungen (2.7-6) und (2.7-8)

$$\underline{X}\,(t_{k+1}) = \underline{A}\,(k)\,\underline{X}\,(t_k) + \underline{B}\,(k)\,\underline{U}\,(t_k)$$

$$\underline{Y}\,(t_k) = \underline{C}\,(k)\,\underline{X}\,(t_k)$$

lassen sich die linearen Abbildungen $\emptyset\,(t_1,\ t_o)$, F und L bestimmen. Die Fundamentalmatrix $\emptyset\,(t_1,\ t_o)$ beschreibt daher die Eigenbewegung des Systems [HAR 76].

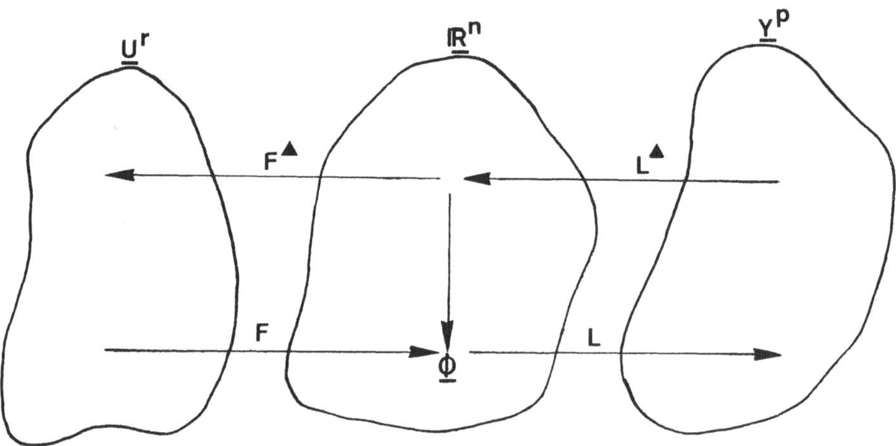

$$\emptyset\,(t_1,\ t_o):\ \mathbb{R}^n \rightarrow \mathbb{R}^n$$

Bild 2.4: Lineare Abbildungen, die ein dynamisches System darstellen nach [HAR 76]

2.10.1 Steuerbarkeit

Die Analyse auf **Zustandssteuerbarkeit** des in Gleichung (2.2-5) beschriebenen Zustandsmodelles ist u. a. für die Modellvorhersage von Bedeutung, da es wichtig ist zu wissen, ob ein gegebener **Anfangszustand** $X(t_o) \varepsilon R^n$ eines dynamisches Systems mit Hilfe des **Steuervektors** $\underline{U}(t)$ in einen gewünschten Endzustand $X(t_e) \varepsilon R^n$ desselben überführt werden kann. R^n entspricht dem n-dimensionalen Zustandsraum. Für den betrachteten Zeitraum wird das System als frei von Störgrößen angesehen, so daß die Eingangsgrößen sämtlich als Steuergrößen anzusehen sind.

Definition 22
Das zeitkontinuierliche dynamische System nach Gleichung (2.2-5) heißt genau dann **vollständig zustandssteuerbar**, wenn durch einen geeigneten **Steuervektor** $\underline{U}(t)$ jeder **Anfangszustand** $x(t_o)$ zum Zeitpunkt $t_o)$ in einer endlichen Zeit $t_e \geq t_o$ in jeden beliebigen **Endzustand** $X(t_e)$ überführt werden kann.

Das ist dann und nur dann der Fall, wenn die **Steuerbarkeitsmatrix**

$$\underline{S} := [\underline{B},\ \underline{A}\ \underline{B},\ \ldots\ \underline{A}^{n-1}\ \underline{B}]$$

den Rang n hat.∎

Die notwendige und hinreichende Bedingung für Definition 22 ist damit,· daß irgendein beliebiger Zustand $X^b(t_e)$ vom Anfangszustand $X(t_o)$ erreichbar sein muß. Darüber hinaus geht aus Definition 18 hervor, daß die Steuerbarkeitsmatrix $\underline{S}$ mindestens n unabhängige **Spalten** und **Zeilen** hat.

Beispiel 12
Unter Zugrundelegung der Definition 22 ist ein dynamisches System, welches durch nachfolgende Zustandsgleichung beschrieben ist, auf Zustandssteuerbarkeit zu überprüfen

$$\dot{\underline{X}}\,(t) = \underline{A}\,\underline{X}\,(t) + \underline{B}\,\underline{U}\,(t)$$

$$\dot{\underline{X}}\,(t) = \begin{bmatrix} -3 & 1 \\ -2 & 1.5 \end{bmatrix} \begin{bmatrix} X1 \\ X2 \end{bmatrix} + \begin{bmatrix} 0 \\ 1 \end{bmatrix} [U]$$

Mit
$$\underline{A} = \begin{bmatrix} -3 & 1 \\ -2 & 1.5 \end{bmatrix}$$

und

$$\underline{B} = \begin{bmatrix} 0 \\ 1 \end{bmatrix}$$

Die Vektoren $\underline{B}$ und $\underline{A}\,\underline{B}$ sind linear unabhängig und der Rang der Matrix

$$\underline{S}: [B,\ A\ B] = 2.$$

Das dynamische System ist damit vollständig zustandssteuerbar.

Für den Fall, daß $B = \begin{bmatrix} 1 \\ 0 \end{bmatrix}$ anstelle $B = \begin{bmatrix} 0 \\ 1 \end{bmatrix}$ gilt, sind die Vektoren $\underline{B}$ und $\underline{A}\,\underline{B}$ nicht unabhängig und der Rang der Matrix ist

$$\underline{S}: [\underline{B},\ \underline{A},\ \underline{B}] = 1.$$

Damit ist das System nicht vollständig zustandssteuerbar.

Beim Entwurf eines Regelungssystems (Systemsynthese) ist im Regelfall nicht die Beeinflussung der Zustandsgrößen, sondern der Ausgangsgrößen gefordert. Daher ist zu überprüfen, ob für das zu entwerfende System im Zeitabschnitt $[t_a,\ t_e]$ die vollständige **Ausgangsgrößensteuerbarkeit** (kurz **Ausgangssteuerbarkeit**) sichergestellt ist [UNB 85].

Definition 23
Ein dynamisches System heißt dann **vollständig ausgangssteuerbar**, wenn es einen **Steuervektor** $\underline{U}\,(t)$ gibt, der den **Ausgangsvektor** $\underline{Y}\,(t)$ innerhalb einer bestimmten endlichen Zeit $t_o \leq t \leq t_1$ von einem beliebigen Anfangsvektor $\underline{Y}\,(t_o)$ in irgendeinen Endvektor $\underline{Y}\,(t_1)$ überführt.

Das ist dann und nur dann der Fall, wenn die (m x nr) Hypermatrix

$$H = [CB, \ CAB, \ CA^2B, \ ..., \ CA^{n-1}B, \ B]$$

den Rang m hat. ∎

Das ist dann der Fall, wenn H mindestens m unabhängige Zeilen und Spalten hat; d. h. man kann von H eine reguläre mxm-Matrix auswählen.

2.10.2 Beobachtbarkeit

Die Analyse auf **Zustandsbeobachtbarkeit** des in Gleichung (2.2-5) beschriebenen Zustandsmodelles ist u. a. für die **Identifizierbarkeit** dynamischer Systeme von Bedeutung. Hier ist wichtig zu wissen, ob aus der Kenntnis des Ausgangsvektors $\underline{Y}$ (t) im Intervall $[t_o, \ t_e]$ für gegebene t_o und t_e jeder Systemzustand X $(t_o) \ \varepsilon \ \mathbb{R}^n$ bestimmt werden kann.

Definition 24
Das zeitkontinuierliche dynamische System nach Gleichung (2.2-5) heißt genau dann **vollständig zustandsbeobachtbar**, wenn sich aus der Kenntnis des **Ausgangsvektors** $\underline{Y}$ $[t_o, \ t_e)$ und des **Eingangsvektors** $\underline{U}$ $[t_o, \ t_e)$ vom Zeitpunkt t_o bis zu einer endlichen Zeit $t_e > t_o$ der Anfangszustand X (t_o) eindeutig bestimmen läßt.

Das ist dann und nur dann der Fall, wenn die **Beobachtbarkeitsmatrix**

$$\underline{B}: = [\underline{c}^T, \ \underline{c}^T\underline{A}^T, \ ..., \ \underline{c}^T(A^T)^{n-1}]$$

den Rang n hat. ∎

Die notwendige und hinreichende Bedingung für Definition 24 ist genau dann gegeben, wenn die Zeilenvektoren

$$[c^T \underline{A}, \ c^T \underline{A}, \ \ldots, \ c^T \underline{A}^{n-1}]$$

linear unabhängig sind. Die Beobachtbarkeitsmatrix ist genau dann regulär, wenn das System beobachtbar ist.

Beispiel 13

Unter Zugrundelegung der Definition 24 ist ein dynamisches System, welches durch nachfolgende Zustandsgleichung beschrieben ist, auf Zustandsbeobachtbarkeit zu überprüfen.

$$\dot{\underline{X}}(t) = \underline{A}\,\underline{X}(t) + \underline{B}\,\underline{U}(t)$$

$$\underline{Y}(t) = \underline{C}\,\underline{X}(t)$$

Für das dynamische System gilt [OGA 67)

$$\dot{\underline{X}}(t) = \begin{bmatrix} 0 & 1 & 0 \\ 0 & 0 & 1 \\ -6 & -11 & 6 \end{bmatrix} \begin{bmatrix} X1 \\ X2 \\ X3 \end{bmatrix} + \begin{bmatrix} 0 \\ 0 \\ 1 \end{bmatrix} [U]$$

$$Y(t) = \begin{bmatrix} 20 & 9 & 1 \end{bmatrix} \cdot \begin{bmatrix} X1 \\ X2 \\ X3 \end{bmatrix}$$

Mit

$$\underline{A} = \begin{bmatrix} 0 & 1 & 0 \\ 0 & 0 & 1 \\ -6 & -11 & -6 \end{bmatrix}$$

und

$$\underline{C} = \begin{bmatrix} 20 & 9 & 1 \end{bmatrix}$$

bzw.

$$\underline{C}^T = \begin{bmatrix} 20 \\ 9 \\ 1 \end{bmatrix}$$

erhält man

$$c^T A^T = \begin{bmatrix} 20 \\ 9 \\ 1 \end{bmatrix} \cdot \begin{bmatrix} 0 & 0 & -6 \\ 1 & 0 & -11 \\ 0 & 1 & -6 \end{bmatrix} = \begin{bmatrix} -6 \\ 9 \\ 3 \end{bmatrix}$$

$$c^T (A^T)^2 \quad = \begin{bmatrix} 20 \\ 9 \\ 1 \end{bmatrix} \begin{bmatrix} 0 & -6 & 36 \\ 0 & -11 & 60 \\ 1 & -6 & 25 \end{bmatrix} = \begin{bmatrix} -18 \\ -39 \\ -9 \end{bmatrix}$$

Die drei Vektoren c^T, $c^T A^T$ und $c^T (A^T)^2$ sind linear unabhängig und der Rang der Matrix

$$B: [c^T, c^T A^T, c^T (A^T)^2] = 3$$

Das dynamische System ist damit vollständig zustandsbeobachtbar.

Für den Fall, daß

$$y(t) = [4 \quad 5 \quad 1] \, [X_1, X_2, X_3]^T$$

anstelle

$$y(t) = [20 \quad 9 \quad 1] \, [X_1, X_2, X_3]^T$$

gilt, sind die drei Vektoren c^T, $c^T A^T$ und $c^T (A^T)^2$ nicht unabhängig und der Rang der Matrix ist

$$\underline{B}: [c^T, c^T A^T, c^T (A^T)^2] = 2.$$

Das System ist damit nicht vollständig zustandsbeobachtbar.

Nach den bisherigen Betrachtungen ergeben sich für dynamische Systeme die folgenden 4 möglichen Realisationen:

Realisierung	Steuerbar	Beobachtbar
I	V	N
II	V	V
III	N	V
IV	N	N

V = vollständig; N = nicht

2.11 Ruhelage und Linearisierung

2.11.1 Ruhelage

Häufig liegt bei dynamischen Systemen folgende Anforderung vor: Das System soll in einem vorgegebenen stationären Betriebszustand arbeiten, d. h. das System soll bei vorgegebenen konstanten Eingangsgrößen ein gewünschtes Ausgangsverhalten erzeugen. Dazu muß das System im gewünschten stationären Betriebszustand verharren und dann so arbeiten, wie gewünscht.

Von der Klassifikation der Systemdynamik ausgehend liegt hier ein **Ruhe- oder Gleichgewichtszustand** vor (vgl. Abschnitt 2.9), da keine Änderungen in den konstanten Werten der Ein- und Ausgangsgrößen auftreten. Das ist jedoch nur möglich, wenn der Zustandspunkt X (t) des dynamischen Systems an einer definierten Stelle des Zustandsraumes X_R verharrt. X_R charakterisiert den stationären **Betriebszustand (Ruhezustand, Gleich-**

gewichtszustand) des Systems. Da auf reale dynamische Systeme im Regelfall immer Störungen einwirken, wird der Zustandspunkt X (t) von der Ruhelage X_R weglaufen und dabei entweder überhaupt nicht mehr oder erst nach einer unvertretbaren Zeitdauer in die Nähe der Ruhelage zurückkehren. Aufgabe einer Regelung ist somit, den Zustandspunkt X (t) eines dynamischen Systems trotz von außen einwirkender Störungen in der Umgebung der **Ruhelage** X_R zu halten oder, anders ausgedrückt, die Ablage des Zustandspunktes X (t) von der Ruhelage X_R klein zu halten. Diese Systemeigenschaften sind von zentraler Bedeutung, insbesondere bei nichtlinearen Systemen.

Wegen der leichteren Berechnungsmöglichkeiten linearer dynamischer Systeme versucht man, nichtlineare dynamische Systeme zu linearisieren. Dabei geht man von der Annahme aus, daß sich der aktuelle **Zustandspunkt** X (t) im **Zustandsraum** des zu untersuchenden dynamischen Systems in einer hinreichend engen Umgebung der **Ruhelage** X_R bewegt. Die Ablage der Zustandsvariablen $\underline{X}_i$ (t) von der Ruhelage $\underline{X}_{iR}$ ergibt sich als **benachbarte Lösung** [FÖL 82]

$$\Delta \underline{X}_i (t) = \underline{X}_i (t) - \underline{X}_i R \quad , \quad i = 1, \ldots, n \quad ,$$

womit folgt

$$\underline{X}_i = \underline{X}_{iR} + \Delta \underline{X}_i$$

$$\dot{\underline{X}}_i = \Delta \dot{\underline{X}}_i$$

Entsprechend bildet man für die Eingangsgrößen $\underline{U}_j$ (t) die Abweichungen von den **Ruhewerten** $\underline{U}_{jR}$

$$\underline{U}_j = \underline{U}_{jR} + \Delta \underline{U}_j \quad ; \quad j = 1, \ldots, m$$

und für die Ausgangsgrößen $\underline{Y}_K$ (t)

$$\underline{Y}_K = \underline{Y}_{KR} + \Delta \underline{Y}_K \quad , \quad K = 1, \ldots, r \quad .$$

Die Komponenten $\Delta \underline{X}i$ und $\Delta \underline{U}j$ müssen betragsmäßig hinreichend klein sein, denn nur dann sind sie eine brauchbare Approximation der **Zustandsdifferentialgleichung**

$$\dot{\underline{X}} = \underline{f} \; (\underline{X}, \; \underline{U}, \; t) \; ,$$

denn nur dann ist

$$\Delta \dot{\underline{X}}_i = \underline{f}_i \; (\underline{X}_{iR} + \Delta \underline{X}_i; \; , \; \underline{U}_{jR} + \Delta \underline{U}j) \; ,$$

$$i = 1, \; \ldots, \; n$$
$$j = 1, \; \ldots, \; m$$
$$(2.11-1)$$

und man kann den rechts des Gleichheitszeichens in Gleichung (2.11-1) stehenden **Funktionenvektor** $\underline{f}$ um die Stelle (X_R, U_R) in eine **Taylor-Reihe** entwickeln, welche nach den linearen Gliedern abgebrochen wird

$$\underline{f} \; (X_R + \Delta \underline{X} \; , \; U_R + \Delta \underline{U})$$

$$\approx \underline{f} \; (X_R, \; U_R) + \frac{\partial \underline{f}}{\partial X} \; (X_R, \; U_R) \; \Delta \underline{X} + \frac{\partial \underline{f}}{\partial U} \; (X_R, \; U_R) \; \Delta \underline{U} \; .$$

Setzt man die auf diese Weise erhaltenen Beziehungen in Gleichung (2.11-1) ein, erhält man für die Zustandsdifferentialgleichung

$$\Delta \dot{\underline{X}}_i = \underline{f}_i (\underline{X}_{iR}, \; \underline{U}_{jR}) + \left(\frac{\partial \underline{f}_i}{\partial \underline{X}_i} \right)_R \Delta \underline{X}_i \; + \; \left(\frac{\partial \underline{f}_i}{\partial \underline{U}_j} \right)_R \Delta \underline{U}_j$$

$$i = 1, \; \ldots, \; n$$
$$j = 1, \; \ldots, \; m$$

bzw. in Summenschreibweise

$$\Delta \dot{\underline{X}}_i = \sum_{i=1}^{n} \left(\frac{\partial \underline{f}_i}{\partial \underline{X}_i} \right)_R \Delta \underline{X}_i + \sum_{j=1}^{m} \left(\frac{\partial \underline{f}_i}{\partial \underline{U}_j} \right)_R \Delta \underline{U}_j$$

$$i = 1, \; \ldots, \; n$$
$$j = 1, \; \ldots, \; m \quad (2.11-2)$$

Die in Gleichung (2.11-2) enthaltenen **partiellen Ableitungen** entsprechen den **Koeffizienten** der A- bzw. B-Matrix der Zustandsdifferentialgleichungen wie folgt:

$$\underline{a}_{ii} = \left(\frac{\partial \underline{f}_i}{\partial \underline{X}_i} \right)_R = \frac{\partial \underline{f}_i}{\partial \underline{X}_i} \bigg| (X_{1R}, \; \ldots, \; U_{jR})$$

$$i = 1, \; \ldots, \; n$$
$$j = 1, \; \ldots, \; m$$

$$\underline{b}_{ij} = \left(\frac{\partial \underline{f}_i}{\partial \underline{U}_i} \right)_R = \frac{\partial \underline{f}_i}{\partial \underline{U}_i} \bigg| (X_{1R}, \; \ldots, \; U_{jR})$$

$$i = 1, \; \ldots, \; n$$
$$j = 1, \; \ldots, \; m$$

Mit diesen Abkürzungen kann man für Gleichung (2.11-1) schreiben

$$\Delta \dot{X}i = \sum_{i=1}^{n} \underline{a}ii \cdot \Delta \underline{X}i + \sum_{j=1}^{m} \underline{b}ij \cdot \Delta \underline{U}j \qquad (2.11-3)$$

Dieses Gleichungssystem in Vektorform geschrieben lautet:

$$\Delta \dot{\underline{X}} = \underline{A} \cdot \Delta \underline{X} + \underline{B} \cdot \Delta \underline{U} \cdot \qquad (2.11-4)$$

2.11.2 Linearisierung

Ordnet man der jeweiligen Eingangsfunktion U(t) eines dynamischen Systems die zugehörige Ausgangsfunktion Y(t) zu, erhält man die, diese Zuordnung beschreibende **Abbildung**

$$Y = \beta \{ U \} \cdot$$

Dabei ist ß der **Operator** für die durch das dynamische System bewirkte Abbildung. Bezogen auf den in Abschnitt 1.2 eingeführten Systembegriff und seine blockorientierte Darstellungsmöglichkeit kann für ein derart abstraktes System der Begriff **Übertragungselement** gebraucht werden.

Lineare Übertragungselemente (Systeme) erfüllen dabei sowohl das **Superpositionsprinzip** als auch das Verstärkungsprinzip.

Das Superpositionsprinzip ist erfüllt durch Definition 7.a.

$$Y_1 + Y_2 = \beta \{U_1 + U_2\} = \beta \{U_1\} + \beta \{U_2\} \cdot$$

Das **Verstärkungsprinzip** ist erfüllt durch Definition 7.b.

$$V \cdot Y = \beta \{V \cdot U\} = V \cdot \beta \{U\} \cdot$$

Die beiden Bedingungen können zur sogenannten **Linearitätsrelation** zusammengefaßt werden, die in Definition 8 angegeben ist.

Ausgehend von Definition 8 sollen exemplarisch einige Übertragungselemente (Blöcke) zur Beschreibung dynamischer Systeme auf **Linearität** bzw. **Nichtlinearität** untersucht werden.

Für die sowohl **Nichtlinearitäten** als auch **Semi-Nichtlinearitäten** beschreibenden **Kennlinienglieder** gilt der allgemeine Ansatz

$$y(t) = F (u(t)) \; .$$

Der **Operator** ß bildet hierbei die **Funktion** F auf die Eingangsgröße U ab. Da für äquidistante Veränderungen der Eingangsgröße u(t) die zugehörigen Änderungen der abhängig Variablen einen gekrümmten Verlauf haben, ist die durch Definition 8 beschriebene **Linearitätsrelation** nicht erfüllt, denn es gilt

$$F(V_1 Y_1 + V_2 Y_2) \neq V_1 \cdot F(Y_1) + V_2 \cdot F(Y_2) \; .$$

Unter der Voraussetzung, daß nur geringe Ablagen vom **Arbeitspunkt** auftreten, können Nichtlinearitäten linearisiert werden; d. h. sie werden in der Umgebung des Arbeitspunktes durch eine Gerade angenähert. Voraussetzung ist, daß die Nichtlinearität keine **Unstetigkeitsstellen** aufweist und daß die Krümmung hinreichend klein ist. Für den **Arbeitspunkt** und die Ablage von diesem Wert gilt die Beziehung

$$y_0 + \Delta y(t) = F (u_0 + \Delta u(t)) \; .$$

Führt man für die rechte Seite dieser Beziehung die **Taylor-Entwicklung** in der Umgebung des Arbeitspunktes durch, so wird daraus

$$y = y_0 + \Delta y = F(u_0) + \left(\frac{\partial F}{\partial u_1}\right)_0 \Delta u_1 + \dots + \left(\frac{\partial F}{\partial u_n}\right)_0 + \Delta u_n + R \; .$$

R stellt ein von den Produkten $\Delta u_p \Delta u_s$ abhängiges Restglied dar, welches für hinreichend geringe Ablagen vom Arbeitspunkt vernachlässigbar ist.

Zum Zweck der Linearisierung bricht man die Taylor-Entwicklung, wie in Abschnitt 2.11-1 dargestellt, nach dem zweiten Glied ab und erhält

$$y = y_0 + \Delta y = F(u_0) + \left(\frac{\partial F}{\partial U_1}\right)_0 \Delta U_1 \; .$$

Mit der im Arbeitspunkt gültigen Gleichung

$$y_0 = F(u_0)$$

erhält man die allgemeingültige Beziehung

$$\Delta y = \sum_{\nu=1}^{n} \left(\frac{\partial F}{\partial u_\nu}\right)_0 \Delta u_\nu \; ,$$

aus der ersichtlich ist, daß die Nichtlinearität durch ihr totales Differential approximiert ist. Das **totale Differential**

$$\left(\frac{\partial F}{\partial u_\nu}\right)_0 = K_\nu$$

stellt dabei den sogenannten **Übertragungsbeiwert** (**Übertragungsfaktor**) dar. Für kleine Änderungen um den Arbeitspunkt gilt dann

$$\Delta y = K_1 \cdot \Delta u_{10} \; .$$

Dies ist ein linearer Zusammenhang zwischen der Eingangsgröße $u(t)$ und der Ausgangsgröße $y(t)$.

Für **multiplikative Übertragungselemente** ist die durch Definition 8 beschriebene Linearitätsrelation nicht erfüllbar. Für das multiplikative Element mit

$$y = k \cdot u_1 \cdot u_2 = \beta \{ u_1, u_2 \}$$

70

gilt

$$\beta \{vu_1 + \widetilde{vu}_1, vu_2 + \widetilde{vu}_2\} = K (vu_1 + \widetilde{vu}_1)(vu_2 + \widetilde{vu}_2)$$

$$= v^2 Ku_1 u_2 + \widetilde{v}^2 K u_1 \widetilde{u}_2 + Kv\widetilde{v}\widetilde{u}_1 u_2 + Kv\widetilde{v}\widetilde{u}_1 u_2$$

$$= vKu_1 u_2 + \widetilde{v}Ku_1 u_2 \quad .$$

Zum Zweck der Linearisierung setzt man für hinreichend kleine
Ablagen vom Arbeitspunkt an wie folgt

$$y_0 + \Delta y = K \{ (u_{10} + \Delta u_1)(u_{20} + \Delta u_2) \}$$

$$= K \{ u_{10} u_{20} + u_{20} \Delta u_1 + u_{10} \Delta u_2$$

$$+ \Delta u_1 \Delta u_2 \}.$$

Mit der im Arbeitspunkt gültigen Gleichung

$$y_0 = K \cdot u_{10} \cdot u_{20}$$

folgt

$$\Delta y = K (u_{20} \Delta u_1 + u_{10} \Delta u_2 + \Delta u_1 \Delta u_2) \quad .$$

Unter der Voraussetzung

$$\Delta u_1 \Delta u_2 \begin{cases} << u_{10} \Delta u_2 \\ \\ << u_{20} \Delta u_1 \end{cases}$$

folgt

$$\Delta y = K (u_{10} \Delta u_2 + u_{20} \Delta u_1) \quad .$$

Dies ist ein linearer Zusammenhang zwischen der Eingangsgröße
u(t) und der Ausgangsgröße y(t).

Auch **Divisionselemente** erfüllen die durch Definition 8 beschriebene Linearitätsrelation nicht. Mit

$$y = K \, \frac{u_1}{u_2} = \beta \, \{ u_1, u_2 \}$$

folgt

$$\beta = (vu_1 + \widetilde{vu}_1, \, vu_2 + \widetilde{vu}_2)$$

$$K = \left(\frac{vu_1 + \widetilde{vu}_1}{vu_2 + \widetilde{vu}_2} \right) = K \left(\frac{vu_1 \; u_2}{\widetilde{vu}_1 \; \widetilde{u}_2} \right) \quad .$$

Zum Zweck der Linearisierung setzt man wiederum eine hinreichend kleine Ablage vom Arbeitspunkt voraus und erhält dann den linearen Zusammenhang zwischen der Eingangsgröße $u(t)$ und der Ausgangsgröße $y(t)$

$$\Delta y = \frac{K}{u_{20}} \Delta u_1 - \frac{K u_{10}}{u_{20}^2} \Delta u_2 \quad .$$

Beweis:

$$y = \frac{u_1}{u_2} = F \, (u_1, u_2)$$

$$y = y_0 + \Delta y = F(u_0) + \left(\frac{\partial F}{\partial u_1} \right)_0 \Delta u_1 + \left(\frac{\partial F}{\partial u_1} \right)_0 \Delta u_2$$

Mit der im Arbeitspunkt gültigen Beziehung

$$y_0 = F(u_0)$$

erhält man somit

$$\Delta y = K \cdot \frac{1}{u_{20}} \cdot \Delta u_1 - K \cdot \frac{u_1}{u_{20}^2} \cdot \Delta u_2 \quad .$$

Beispiel 14

Das durch die Zustandsdifferentialgleichung

$$\dot{\underline{X}} = f \, [X_1, X_2]^T + [1,0]^T \, U \qquad (2.11\text{-}5)$$

und die Ausgangsgleichung

$$Y = g\,(X_1,\ X_2)\ X_2 \qquad\qquad (2.11\text{-}6)$$

beschriebene nichtlineare Zustandsmodell soll linearisiert werden. Das regelungstechnische Strukturbild zeigt Bild 2.5a, seine blockorientierte Darstellung Bild 2.5b.

Die in Bild 2.5 enthaltenen Nichtlinearitäten sind in ihrer linearisierten Form in Tabelle 2.1 angegeben. Die Ableitungen der Linearisierungen basieren auf dem im Abschnitt 1.2 angegebenen Systembegriff und seiner blockorientierten Darstellung.

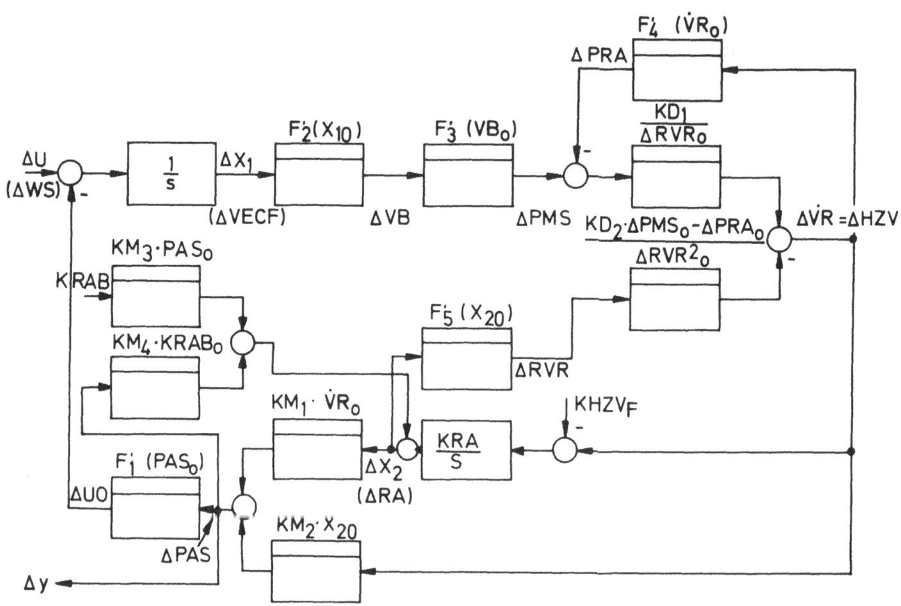

Bild 2.6: Linearisiertes Strukturbild des Langzeitverhaltens der Blutdruckregelung auf der Grundlage einer Volumenregulation durch die Niere

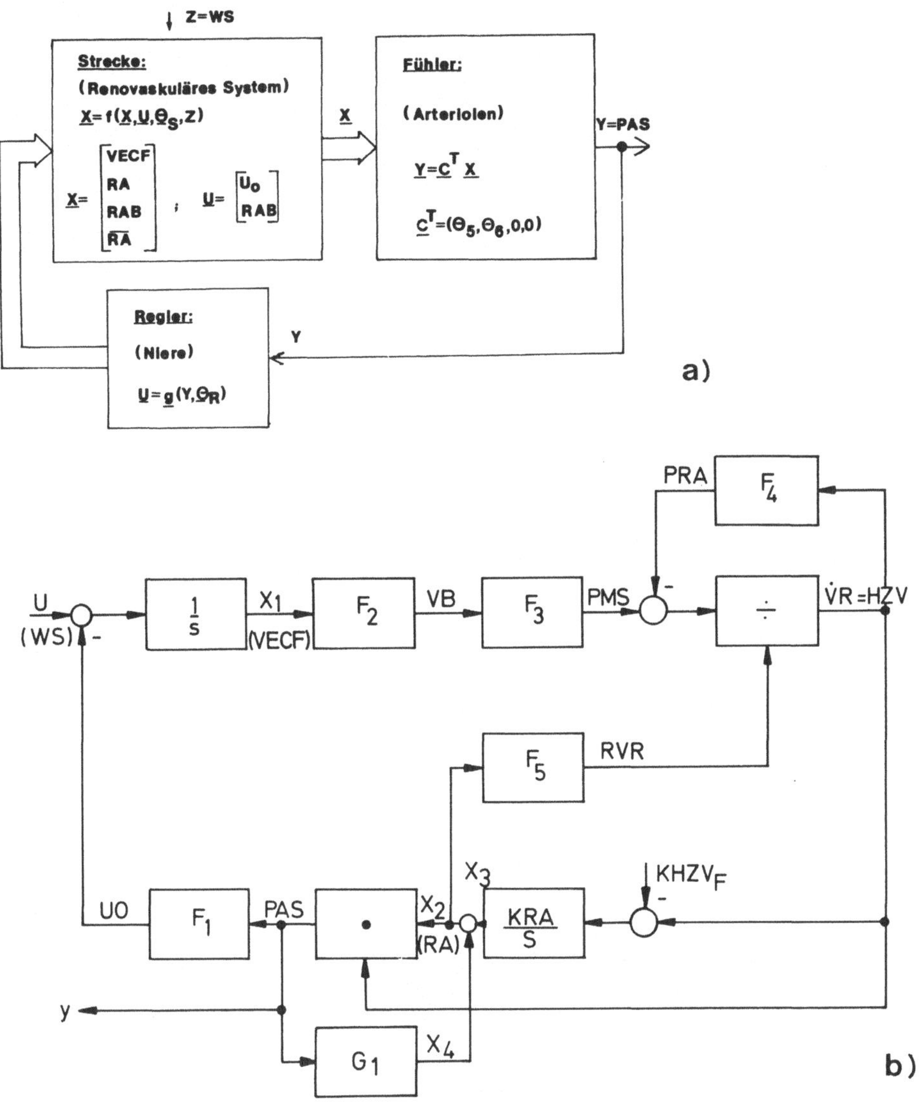

Bild 2.5: Nichtlineares mathematisches Modell des Langzeitverhaltens der Blutdruckstabilisierung auf der Grundlage einer Volumenregulation durch die Niere nach
[MÖL 84]. WS entspricht einer Wasser- und Salzbe-
lastung, d. h. einer Störgrößenaufschaltung,
a) regelungstechnisches Strukturbild,
b) blockorientierte Darstellung

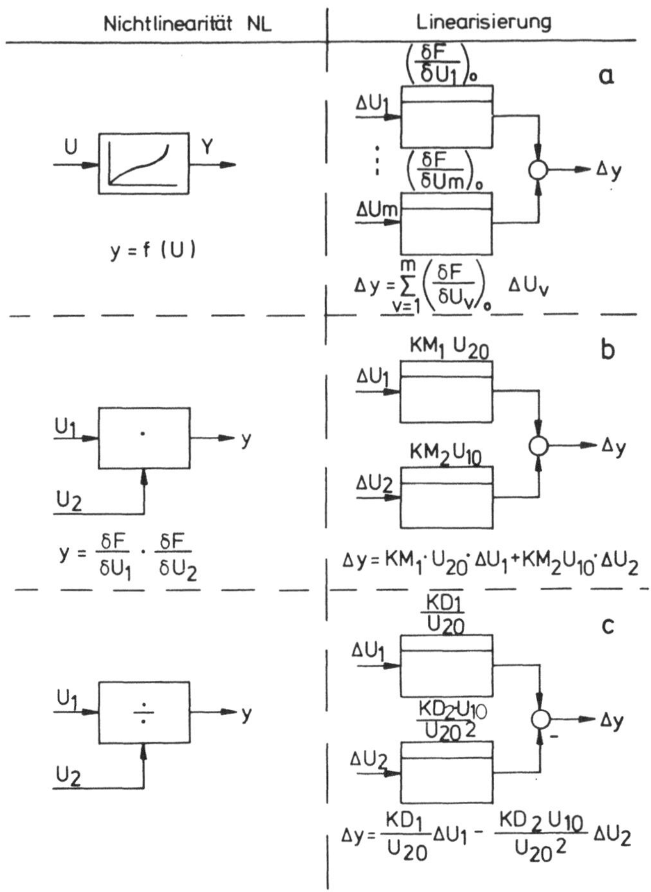

Tabelle 2.1 Zusammenfassende Darstellung zwischen Nichtlinearität und Linearisierung

Man erhält, wendet man die Linearisierung auf Bild 2.5 an, das
in Bild 2.6 angegebene linearisierte Strukturbild in Zustandsform.

Mathematisch läßt sich die in Bild 2.6 dargestellte Struktur weiter vereinfachen. Hierzu werden die Ausgangsgrößen der einzelnen Blöcke explizit entwickelt. Für das zum Herzen zurückfließende Blutvolumen VR findet man die Gleichung

$$\Delta\dot{VR} = (\Delta PMS - \Delta PRA) \cdot KD_1 - \Delta RVR \cdot KD_2$$

$$= (\Delta PMS - K_4 \cdot \Delta VR) \cdot KD_1 - K_5 \cdot \Delta X_2 \cdot KD_2$$

Nach Umformung folgt daraus

$$\Delta\dot{VR} = \frac{KD_1}{1 + K_4 \cdot KD_1} \cdot \Delta PMS - \frac{K_5 \cdot KD_2}{1 + K_4 \cdot KD_1} \cdot \Delta X_2 \quad .$$

Für ΔPMS kann man schreiben

$$\Delta PMS = K_1 \cdot K_2 \cdot \Delta X_1 \quad .$$

Mithin erhält man ein vereinfachtes linearisiertes Strukturbild, welches Bild 2.7 zeigt.

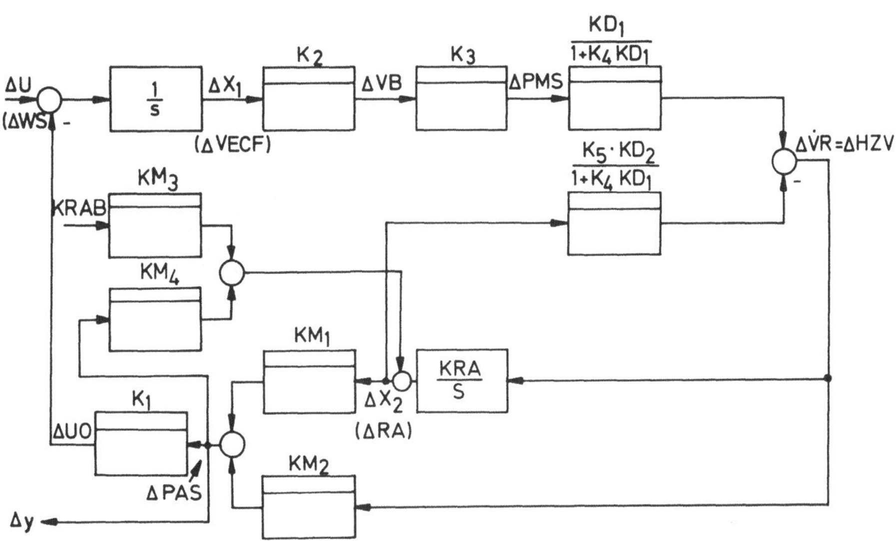

Bild 2.7: Vereinfachtes linearisiertes Strukturbild des Langzeitverhaltens der Blutdruckregulation auf der Grundlage einer Volumenregulation durch die Niere

Entwickelt man die in Bild 2.7 angegebene Struktur explizit für die in den Gleichungen (2.11-5) und (2.11-6) angegebenen Zustandsdifferentialgleichungen, führt das zu den Zustandsdifferentialgleichungen:

$$\dot{X}_1 = \frac{K_1 \cdot K_2 \cdot K_3 \cdot KD_1 \cdot KM_2}{1 + K_4 \cdot KD_1} \cdot X_1 - (\frac{K_1 \cdot K_5 \cdot KD_2 \cdot KM_2}{1 + K_4 \cdot KD_1} + K_1 \cdot KM_1) X_2 - U \tag{2.11-7}$$

$$\dot{X}_2 = \frac{K_2 \cdot K_3 \cdot K_1}{1 + K_4 \cdot KD_1} (KRA + KM_2 \cdot KM_4) X_1 + [KM_1 \cdot KM_4 \frac{K_5 \cdot KD_2}{1 + K_4 \cdot KD_1} (KRA + KM_2 \cdot KM_4)] X_2 + A \tag{2.11-8}$$

Linearisiert man in der gleichen Weise die Ausgangsgröße, für die gilt:

$$Y = F_7(X_1, X_2) \cdot X_2$$

findet man explizit entwickelt die Lösung

$$Y = \frac{K_2 \cdot K_3 \cdot KD_1 \cdot KM_2}{1 + K_4 \cdot KD_1} X_1 + (KM_1 \frac{K_5 \cdot KD_2 \cdot KM_2}{1 + K_4 \cdot KD_1}) X_2 \tag{2.11-9}$$

Damit ist gezeigt, wie man das durch die Gleichungen (2.11-5) und (2.11-6) beschriebene nichtlineare dynamische Zustandsmodell linearisieren kann. Faßt man die Gleichungen (2.11-7), (2.11-8) und (2.11-9) in Vektorform zusammen, erhält man die Zustandsdifferentialgleichungen des linearisierten mathematischen Modelles in allgemeiner Form

$$\frac{d}{dt} \begin{bmatrix} X_1 \\ X_2 \end{bmatrix} = \begin{bmatrix} a_{11} & a_{12} \\ a_{21} & a_{22} \end{bmatrix} \begin{bmatrix} X_1 \\ X_2 \end{bmatrix} + \begin{bmatrix} b_{11} & b_{12} \\ b_{21} & b_{22} \end{bmatrix} \begin{bmatrix} U_1 \\ U_2 \end{bmatrix}$$

$$Y = \begin{bmatrix} c_1 , & c_2 \end{bmatrix} \begin{bmatrix} X_1 \\ X_2 \end{bmatrix} \tag{2.11-10}$$

3 Modellbildung dynamischer Systeme

3.1 Grundlagen der Modellbildung

Mittels Modellbildung ist es möglich, die zunächst unstrukturierten Ausgangsdaten eines Erkenntnisgegenstandes der wissenschaftlichen Untersuchung mit Hilfe formaler Abbildungen strukturiert darzustellen, z. B. mittels pneumatischer Elemente, mit Hilfe von Differentialgleichungen etc., und dessen Dynamik durch Modellnachbildung, d. h. durch Simulation, zu erfassen. Die Entwicklung von Modellen zur Simulation dynamischer Systeme ist daher in den vergangenen Jahren stetig angewachsen und zu einem wirkungsvollen Werkzeug der Analyse komplexer dynamischer Prozeßvorgänge geworden, und Gegenstand interdisziplinärer Forschung. Der Wert derartiger Modelle und deren Nachbildung durch Simulation liegt darin begründet, Informationen über das zu untersuchende dynamische System gewinnen zu können, welche normalerweise direkt nicht zugänglich sind, da mit dem realen System häufig nicht in der gewünschten Weise experimentiert werden kann, wie z. B. bei der Stabilitätsanalyse von Grenzbereichen. Auch können am Modell relativ leicht Veränderungen vorgenommen und deren Auswirkungen durch Simulation untersucht werden. Hierbei sind mathematische Modelle den physikalischen überlegen, müssen doch bei letztgenannten häufig nicht unerhebliche Werkstatt- und Umrüstzeiten berücksichtigt werden; dafür sind physikalische Modelle im Regelfall anschaulicher, d. h. weniger abstrakt.

Wie dargestellt, tritt ein Erkenntnisgegenstand der wissenschaftlichen Untersuchung zunächst als Menge unstrukturierter Ausgangsdaten entgegen. Im Rahmen der Modellbildung werden die zunächst unstrukturierten Ausgangsdaten durch funktionale

Dekompensation sowie Abstraktion unter bestimmten Gesichtspunkten analysiert (man kann im gewissen Sinne von einem Filterungsprozeß sprechen) und auf eindeutig bestimmte Elemente einschließlich deren Attribute (Merkmale, Eigenschaften, Relationen) abgebildet. Auf diese Weise erhält man das Strukturkonzept des Modelles, das Ersatzsystem des realen Prozeses, welches im Grunde genommen ein abstraktes Modell ist [SCH 85]. Hieraus ist sofort eine allgemeingültige Grenze der Modellbildung evident; ein Modell gestattet Aussagen nur innerhalb der Untermenge von Elementen des ganzen, die im Rahmen des Modellbildungsprozesses von Bedeutung waren. Dies gilt für folgende Modellbildungsprinzipien:

- Prinzip der physikalischen Ähnlichkeit
- Prinzip der physikalischen Isomorphie
- Prinzip der mathematischen Abbildung.

Unter Berücksichtigung **physikalischer Ähnlichkeitsgesetze** wird z. B. ein Fahrzeug- oder Flugzeugmodell gebaut und damit im Windkanal bestimmte Eigenschaften des Originalfahrzeuges bzw. Originalflugzeuges untersucht, oder ein hydraulischer Kreislaufsimulator aufgebaut, mit dem, bezogen auf die Viskosität des Blutes, die Elastizität der herznahen Gefäße und des peripheren Widerstandes, sowie die Funktion künstlicher Herzklappen untersucht werden kann.

Infolge **Isomorphie** kann das reale (mechanische) System, welches aus örtlich-konzentrierten Elementen besteht, wie z. B. Dämpfer, Feder, Masse auf ein strukturell gleichartiges (elektrisches) Ersatzsystem, bestehend aus Elementen wie Induktivität, Kapazität und Widerstand abgebildet werden, an welchem das reale (mechanische) System betreffende systemdynamische Untersuchungen durchgeführt werden.

VARIABLE		Physikalisches System	Generelle Beschreibung	Elektrisch	Hydraulisch	Pneumatisch	Thermisch	Translation	Rotation
PRIMÄRE		Transversal Variable e(t)	Spannung,Druck Geschwindigkeit Temperatur	U(t); Spannung	P(t); Druck	P(t); Druck	T(t); Temperatur	V(t); Geschwindigkeit	ω(t); Winkelgeschwindigkeit
		Transit Variable f(t)	Strom,Kraft, Moment	i(t); Strom	$\dot{V}$(t); Volumen Strom	$\dot{m}$(t); Massenstrom	$\dot{q}$(t);Wärmestrom	f(t);Kraft	M(t);Moment
		e(t) Produkt	Energie Zulieferung	$p(t)=u(t)\times i(t)$	$p(t)=P(t)\times \dot{V}(t)$	$p(t)=P(t)\times \dot{m}(t)$	$p(t)=\dot{q}(t)$	$p(t)=V(t)\times f(t)$	$p(t)=\omega(t)\times M(t)$
		e(t)Relation	Energieverbrauch $e(t)=R\times f(t)$	R; elektrischer Widerstand	$R=\dfrac{8l\eta}{\pi r^4}$; Strömungswiderstand	$\dfrac{8l\eta}{\pi r^4\rho}$; Stömungswiderstand	Wärmewiderstand $R_F=\frac{1}{\lambda A}$ (Leitung) $R_T=\frac{1}{\alpha A}$ (Übertrag) $R_C=\frac{1}{mc}$ (Konvektion)	d^{-1}; Dämpfungsfaktor	d_ϑ^{-1}; Dämpfungsfaktor
INTEGRALE		$\int e(t)\,dt$	$F(t)=1/L\times \int e(t)\,dt$	L; Induktivität	$\dfrac{\rho l}{\pi r^2}$ Trägheit	$\dfrac{\rho}{\pi r^2}$; Trägheit	—	c^{-1}; Federkonstante	c_y^{-1};Federkonstante
		$\int f(t)\,dt$	$e(t)=1/C\times \int f(t)\,dt$	C; Kapazität	$\dfrac{A}{\rho g}$; Hydraulische Kapazität	$m\,o=\dfrac{V}{R\times T}$; Pneumatische Kapazität	$m\times c$; Wärmekapazität	M; Masse	θ; Drehmasse
		$\int e(t)\,f(t)\,dt$	energetische Arbeit des Systems	E_M:Magnetische Energie der Induktivität E_E:Elektrische Energie des Kondensators	E_K:Kinetische Energie des Stromes E_P:Potentielle Energie der Druckwelle	E_K:Kinetische Energie des pneumatischen Stromes E_P:Potentielle Energie des Druckes	E_P:Thermische, potentielle Energie der gespeicherten Wärme	E_K:Kinetische Energie der Druckmasse E_P:Potentielle Energie der zusammengedrückten Feder	E_K:Kinetische Enegie einer drehenden Masse E_P:Potentielle Energie einer gedrillten Feder
		Symbole		R, L, C	R, L, C	C	$T_1\,R\,T_2$, $T_1\,C\,T_2$	R, L, C (M)	R, L, C (M)

Bild 3.1: Übersicht physikalisch analoger Systeme
        (Näheres siehe Text)

Eine Übersicht zu isomorphen Elementen zur Systembeschreibung zeigt Bild 3.1, wobei gilt:

η	: Viskositätskonstante	g	: Erdbeschleunigung
ρ	: Dichte	R	: Gaskonstante
λ	: Wärmeleitfähigkeit	T	: Temperatur
α	: Wärmeübergangszahl		

Die **mathematische Abbildung** basiert im Regelfall auf rechnergestützten Verfahren. Dazu wird das zu untersuchende System exakt oder näherungsweise durch entsprechende mathematische Gleichungen beschrieben, z. B.:

- Polynome
- algebraische Gleichungen
- Differenzengleichungen
- Differentialgleichungen
- Zustandsraumvektorgleichungen
- Operatorgleichungen
- Integralgleichungen etc.

Abstrahiert man diese Ausführungen noch um einen Schritt, kann man sagen, daß sich Erkenntnis in Modellen in aufeinanderfolgenden semantischen Stufen abspielt [SCH 84].

Auf der 0-ten semantischen Stufe stehen die Reize und Eindrücke (materielle Information), welche die Gegenstände und Vorgänge (auch die Mitteilungen anderer Subjekte) auf uns ausüben.

Diese Reize und Einwirkungen wecken in uns bestimmte Vorstellungen und vermitteln uns ein Bild von den Gegenständen usw. Diesen Prozeß wollen wir als **interne Modellbildung** auffassen, und das Bild als Modell der ersten semantischen Stufe. Man kann unterscheiden zwischen dem unmittelbaren Bild, das die Reize und Eindrücke auslöst, wir sprechen dann vom **Perzeptionsmodell** und zwischen dem erweiterten Bild, welches durch eine Assoziation dieser Eindrücke mit anderen Eindrücken und Vorstellungen durch die Kombination der verschiedenen Bilder und Vorstellungen entsteht. Wir sprechen in diesem Zusammenhang vom **kogitativen Modell**.

Auf der zweiten semantischen Stufe werden diese Vorstellungen ausgesprochen, d. h. in einer intersubjektiv verständlichen Sprache zum Ausdruck gebracht, es handelt sich hier um das **Kommunikationsmodell**. In höheren semantischen Stufen können diese Sprachformen wieder auf andere Zeichenformen in einem **Zeichenmodell** abgebildet werden. Der nächstliegende Schritt besteht darin, daß die Sprache schriftlich fixiert wird.

In weiteren Stufen könnte man daran denken, die Vorstellungen in formalen Sprachen, z. B. in einer Rechnersprache, auszudrücken und damit eine Abbildung der Vorstellungen in einem Rechner zu generieren. Auf diese Weise lassen sich die semantischen Stufen der Erkenntnis fortsetzen. Jede Stufe bedeutet jedoch eine Einschränkung des Informationsgehaltes, die aber gleichzeitig mit einer Präzisierung verbunden ist: So ist die Sprache einschränkender, aber präziser als die Gedankenverbindungen und Empfindungen, die Schrift wiederum einschränkender und präziser als die Fülle der Sprachmöglichkeiten, aber präziser als die Umgangssprache, usw. In Bild 3.2 ist der Erkenntnisakt nochmals zusammenfassend dargestellt [MÖL 87c].

Aus dem Vorhergehenden gelangt man zu folgender Schlußfolgerung: Nach der geschilderten Theorie sind wissenschaftliche Modelle **Erkenntnismodelle**, die auf der dritten oder höheren semantischen Stufe der Erkenntnis anzusiedeln sind. Das bedeutet, daß sie in präzisierten Formen Abbildungen von Gedankenmengen und Mengen von Sprachkonstrukten sind, die aufgrund der Reize und Einflüsse der Gegenstände und Vorgänge in der realen Welt entstanden sind.

Wie bereits in Abschnitt 1.2 erläutert, wird die Erkenntnis realer Prozesse durch das Zusammenwirken von Wahrnehmung und Denken getragen. Die bloße Wahrnehmung der bunten Vielgestaltigkeit des Seins (Menge unstrukturierter Ausgangsdaten) durch unsere Sinne, ohne das Denken führt zu einer Traumwelt.

Reines Denken ohne Wahrnehmung dagegen führt zu einer Scheinwelt. Der Erkenntnisakt vollzieht sich im Herstellen der Einheit von Wahrnehmung und Denken. Sind Begriff (Denken) und Erscheinung (Wahrnehmung) in Übereinstimmung, wird erkannt (Wirklichkeit, Realität).

<table>
<tr><td>0. <u>semantische Stufe:</u></td><td>Reize, Eindrücke (materielle Information)
Vorstellungen
interne Modellbildung
= Modell der 1. semantischen Stufe</td></tr>
<tr><td>1. <u>semantische Stufe:</u></td><td>Perzeptionsmodell = f (Reize, Eindrücke)
Kogitatives Modell = f (Bild);
dieses Bild ist durch Assoziationen der Eindrücke mit anderen Eindrücken und Vorstellungen sowie Kombinationen der verschiedenen Bilder und Vor- stellungen begründet</td></tr>
<tr><td>2. <u>semantische Stufe:</u></td><td>Kommunikationsmodell
Vorstellungen werden in einer intersubjektiv verständlichen Sprache zum Ausdruck gebracht</td></tr>
<tr><td>3. <u>semantische Stufe:</u></td><td>Zeichenmodell
Sprachform wird auf Zeichenform abgebildet</td></tr>
<tr><td>4. <u>semantische Stufe:</u></td><td>Fixierung der Sprache</td></tr>
<tr><td>5. <u>semantische Stufe:</u></td><td>Vorstellung formalisieren z. B. in Rechnersprache;
Abbildung der Vorstellung im Rechner generieren</td></tr>
</table>

Bild 3.2: Erkenntnis in Modellen und zugehörige semantische Stufen

Die bislang vorgestellte Modellbildungsprozedur erlaubt eine Erweiterung durch das wissens- bzw. entscheidungsorientierte Modellerzeugungsverfahren des induktiven Schlußfolgerns. Hierzu wird Wissen in Form von Fakten und Relationen zwischen den Fakten notiert; man spricht in diesem Zusammenhang von einer **prozeduralen Wissensdarstellung.** Durch Anfragen an die Wissensbasis können neue Fakten für Entscheidungen, d. h. Schlußfolgerungen, abgeleitet werden. Unbefriedigende Antworten leiten einen Rückkopplungsprozeß in dem Sinne ein, daß durch Ergänzungen von Fakten und Relationen die Wissensbasis neu bewertet wird, um zu einem Sachverhalt vertiefte Einsichten zu erhalten. Dies ist im Grunde genommen ein **Lernen 1. Ordnung,** wobei die Veränderung durch Korrektur von Irrtümern über die Auswahl innerhalb einer Menge von Alternativen - Wissensbestand, Regelbasis - realisiert wird. Man hat diese Repräsentation häufig mit der mentalen Darstellungsweise in Zusammenhang gebracht.

Modellerzeugungsverfahren auf der Basis prozeduraler Wissensdarstellung sind mit folgenden Softwarewerkzeugen realisierbar:

 C
 COMMONLISP
 INTERLISP
 INTERLISP D
 LISP
 MUMPS
 PSL
 SAIL
 ZETALISP

Den gedanklichen Prozeß, die relevanten Elemente, Beziehungen und Attribute des realen Prozesses durch ein abstraktes Modell darzustellen, nennen wir im folgenden **Qualifikation.**

Die Qualifikation wird im Regelfall durch die **Rektifikation** ergänzt. Hierbei wird das abstrakte Modell durch physikalische Nachbildung, Isomorphie oder Programmierung auf einem Rechner in ein reales Modell überführt. Häufig wird anstelle des Begriffes Rektifikation der Terminus Verifikation verwendet. Rektifikation kommt von Rektus, d. h. richten, und ist für den Übergang vom abstrakten zum realen Modell der adäquatere Begriff, da für den Übergang über die zweckmäßige Form der Realisierung zu entscheiden (richten) ist [MÖL 87c]. Konkret bedeutet dieses, Implementierung auf einem Rechner, Auswahl des numerischen Verfahrens bzw. der (höheren) Programmiersprache, Nachbildung mittels elektrischer, hydraulischer, pneumatischer, thermischer oder mechanischer (translatorisch, rotatorisch) Elemente etc. Ein quantitatives Maß für die Rektifikation ist die Reproduzierbarkeit. Nach erfolgreicher Rektifikation können z. B. für vorgegebene Eingangsgrößen die Ausgangsgrößen oder die Zustände des Modelles vorhergesagt werden. Im Vergleich mit beobachtbaren Zuständen am realen Prozeß kann das Modell verifiziert werden.

Die **Verifikation**, d. h. die Bewahrheitung erbringt den Nachweis, daß das reale Modell eine hinreichend genaue Nachbildung des realen Prozesses ist, und daß dann auch Vorhersagen zu am realen Prozeß nicht meßbaren Systemzusammenhängen möglich und glaubbar sind. Dieses ist ein entscheidender Vorteil von Modellbildung und Simulation als Verfahren zur Systemuntersuchung, da nicht das Verhalten des realen Prozesses selbst, sondern das Verhalten gegenständlicher oder abstrakter Modelle realer dynamischer Prozesse oder auch abstrakter hypothetischer Systeme untersucht werden kann, wobei über die gewonnenen Erkenntnisse auf die Eigenschaften des realen dynamischen Systems rückgeschlossen werden kann. Dazu muß das Modell dergestalt parametrisiert sein, daß es die funktionell und morphologisch relevanten Größen des dynamischen Systems explizit, eindeutig und interpretierbar enthält.

Die Verifikation eines Modelles wird unterteilt unter dem Gesichtspunkt der Übereinstimmung bzw. der Nichtübereinstimmung. Im Falle der Akzeptanz spricht man von **Validation** (validas = Güte, Wert, Gültigkeit), im Falle des Verwerfens von

Falsifikation (Widerlegung, Falschheit). Diese Zusammenhänge zeigt zusammenfassend Bild 3.3.

Der Vollständigkeit halber sei angemerkt, daß die in Bild 3.3 dargestellten Attribute noch hinsichtlich ihrer Ordnung eingeteilt werden. So unterscheidet man zwischen Attributen nullter Ordnung, dies sind die Eigenschaften der Elemente, und Attributen höherer Ordnung, dies sind die Eigenschaften der zwischen Elementen bestehenden Beziehungen, worauf bereits in Abschnitt 1.2 ausführlich eingegangen wurde.

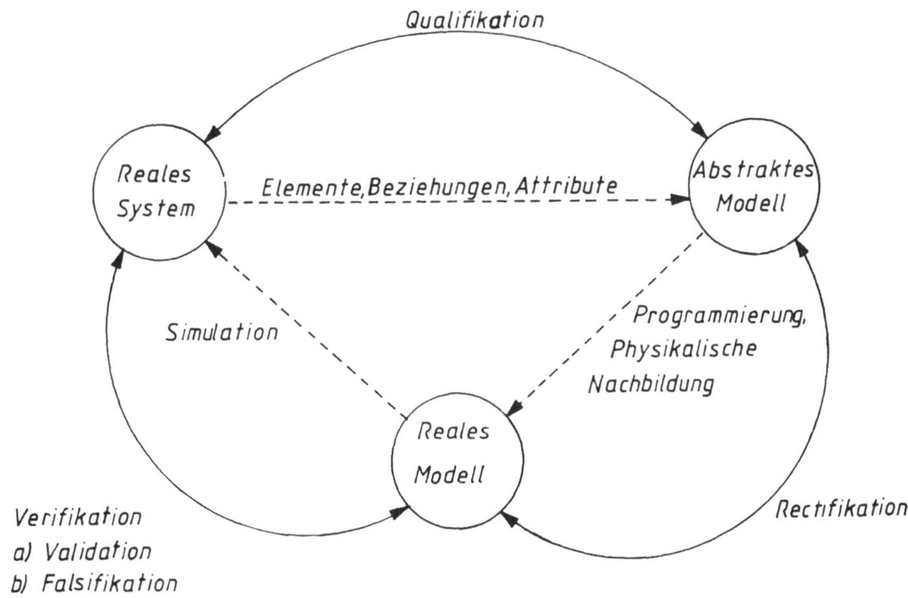

Bild 3.3: Struktogramm der drei systemanalytischen Teilbereiche: Qualifikation, Rektifikation, Verifikation

Die Verifikation der Modellbildung kann durch wissensbasierte Verfahren erweitert werden, indem **deklaratives Wissen** eingebunden wird. Hierbei besteht der Wissensbestand aus einer Sammlung von Fakten, die abgefragt werden können. Im Sinne einer Verifikation wird die Abfrage validiert (bewahrheitet) oder falsifiziert (verworfen). Allgemein gilt, daß der Validation genügt ist, wenn Widerspruchsfreiheit, Unabhängigkeit erfüllt sind. Ein quantitatives Maß der Verifikation ist demnach die Genauigkeit. Gelangt man mittels Verifikation zu Korrekturen des realen Modelles, und demzufolge zu einem korrigierten realen Modell, d. h. die Annahmen und Ergebnisse der Qualifikationen wurden verifiziert, dann ist der theoretische Teilschritt in der Systemanalyse um eine experimentelle Untersuchung erweitert worden. Auch hier lassen sich die modernen Verfahren der Wissensrepräsentation einsetzen. Zur Anwendung kommt in diesem Falle die **objektorientierte Wissensdarstellung**. Wissen wird dabei dargestellt durch Objekte und Beziehungen zwischen den Objekten. Darüber hinaus können Objekte durch Fakten und Objektbeziehungen durch Merkmale ergänzt werden.

Sprachen für die objektorientierte Wissensdarstellung sind
> FLAVORS
>
> KBS
>
> LOOPS
>
> ROSS
>
> SMALLTALK
>
> STROBE

Wissen ist auf diese Weise darstellbar durch Wirkungen von Abläufen, und dies wiederum ist Grundlage für eine automatische Überprüfung der Konsistenz usw.

Aus diesen Überlegungen gelangt man auf die beiden heute gebräuchlichen Methoden der Modellbildung. Diese sind:

- **deduktive Methode** der theoretischen bzw. axiomatischen Modellbildung,

- **empirische Methode** der experimentellen Modellbildung.

Bei der **deduktiven Modellbildung** gelangt man, wie dargestellt, ausgehend von den zunächst unstrukturierten Ausgangsdaten des Erkenntnisgegenstandes, über deren Interpretation, zu einer qualitativen Vorstellung des funktionellen und dynamischen Verhaltens des realen Systems, welche durch mathematische Abstraktion zum realen Modell überführt wird. Zu diesem Zweck werden aus der, das reale System beschreibenden Vielgestaltigkeit, diejenigen Systemelemente mit ihren Attributen und nicht leeren Mengen der Relationen ausgewählt, die den Prämissen des Anwendungszusammenhanges genügen. Daraus folgt, daß ein- und dasselbe reale System für unterschiedliche Anwendungszusammenhänge durch verschiedene Modelle befriedigt werden kann. Die Parameter (Koeffizienten der mathematischen Gleichungen sowie die Randbedingungen und Anfangsbedingungen der mathematischen Systemzustände) bilden die a-priori Systemparameter. Im Falle einfacher Modelle sind sie zumindest qualitativ hinreichend bekannt. Bei der Modellbildung komplexer nichtlinearer dynamischer Systeme, wie es im Regelfall nichttechnische Systeme sind, trifft das nicht mehr zu. Hier sind nicht alle für das Modell relevanten Größen bekannt.

Darüber hinaus sind häufig die Abhängigkeiten des realen Prozesses nicht vollständig beobachtbar. So kann es sein, daß bei der Prüfung des Modelles festgestellt wird, daß von den bei der Modellbildung als unwesentlich für das Modell angesehenen und demzufolge vernachlässigten Elementen und Attributen diese doch wichtige Zusammenhänge beinhalten, die berücksichtigt werden müssen und umgekehrt. Die Modellbildung ist mithin sequentieller, oft auch iterativer, Natur.

Es zeigt sich somit, daß die Erweiterung der rein deduktiven Modellbildung durch eine experimentelle Modellnachprüfung nötig ist. Dazu wird das Modell z. B. mittels Programmierung eines Rechners in das Simulationsmodell (**Simulator**) umgesetzt. Im Anschluß an das erfolgreiche Austesten der Programme erfolgt die Modellverifikation. Für gleiche Randbedingungen werden innerhalb eines vorgegebenen Toleranzbereiches die durch

Modellsimulation erhaltene Lösung und die experimentell, z. B. durch Messung am realen dynamischen System, gewonnenen Daten miteinander verglichen.

Das Vertrauen in die **Abbildungstreue** des mathematischen Modelles nimmt zu, je mehr Fälle von Übereinstimmung beobachtet werden. Es ist jedoch nicht möglich, mit Hilfe der Verifikation die Korrektheit des Modelles in toto zu beweisen. Aus den möglichen auftretenden Ablagen muß die notwendige Korrektur abgeleitet werden, die in Abhängigkeit der Art der Ablage auf unterschiedlichen Ebenen der Modellbildungsprozedur durchgeführt wird, was Bild 3.4 zeigt.

Das Ergebnis ist ein verbessertes mathematisches Modell. Bei minimaler Leistungsfähigkeit des entwickelten mathematischen Modells muß gegebenenfalls der beschriebene Zyklus vollständig durchlaufen werden, was im Grunde genommen einer **Systemidentifikation** entspricht.

Bei der **experimentellen Modellbildung** liegen demgegenüber Messungen des Verlaufes der interessierenden Eingangs- und Ausgangsgrößen des dynamischen Systems zugrunde, anhand derer das empirische Modell gebildet wird, was Bild 3.5 zeigt. Kennzeichnend für den Ablauf der experimentellen Modellbildung ist es, daß aufgrund von a-priori Kenntnissen des realen Prozesses eine mathematische Gleichungsklasse, der sogenannte Modelltyp festgelegt wird, und daß aus den Meßgrößen mathematische Beschreibungen ermittelt werden. Durch Vergleich der korrespondierenden Verläufe der am realen dynamischen System beobachteten Meßgrößen mit den durch Simulation erhaltenen Ergebnissen wird, in Abhängigkeit einer vorgegebenen Fehlerfunktion, die Gültigkeit des Modelltyps überprüft, ein im Regelfall iterativer Vorgang.

Zwei Probleme verdienen hier eine besondere Beachtung. Einerseits sind nicht immer hinreichende Bedingungen für die Begründung der Wahl des Modelltyps und der damit verbundenen

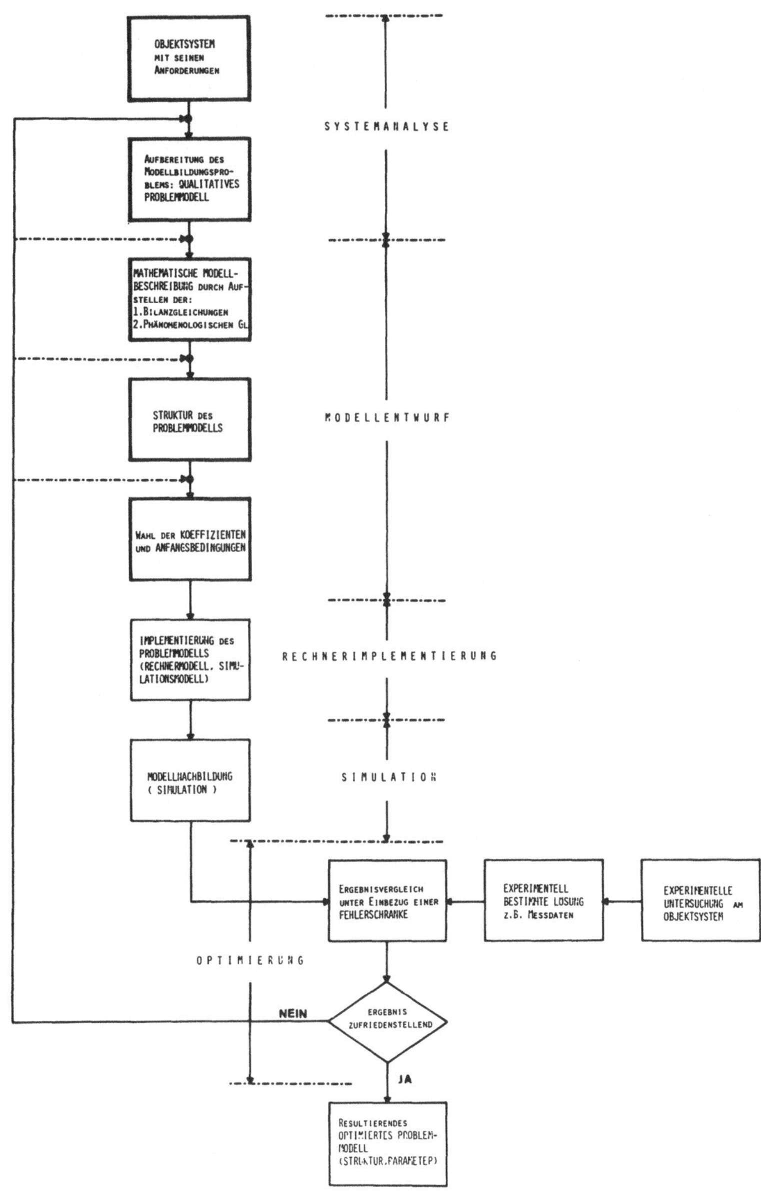

Bild 3.4: Flußdiagramm der um eine experimentelle Modellnachprüfung erweiterten (dünn umrandete Blöcke) deduktiven Modellbildung (dick umrandete Blöcke)

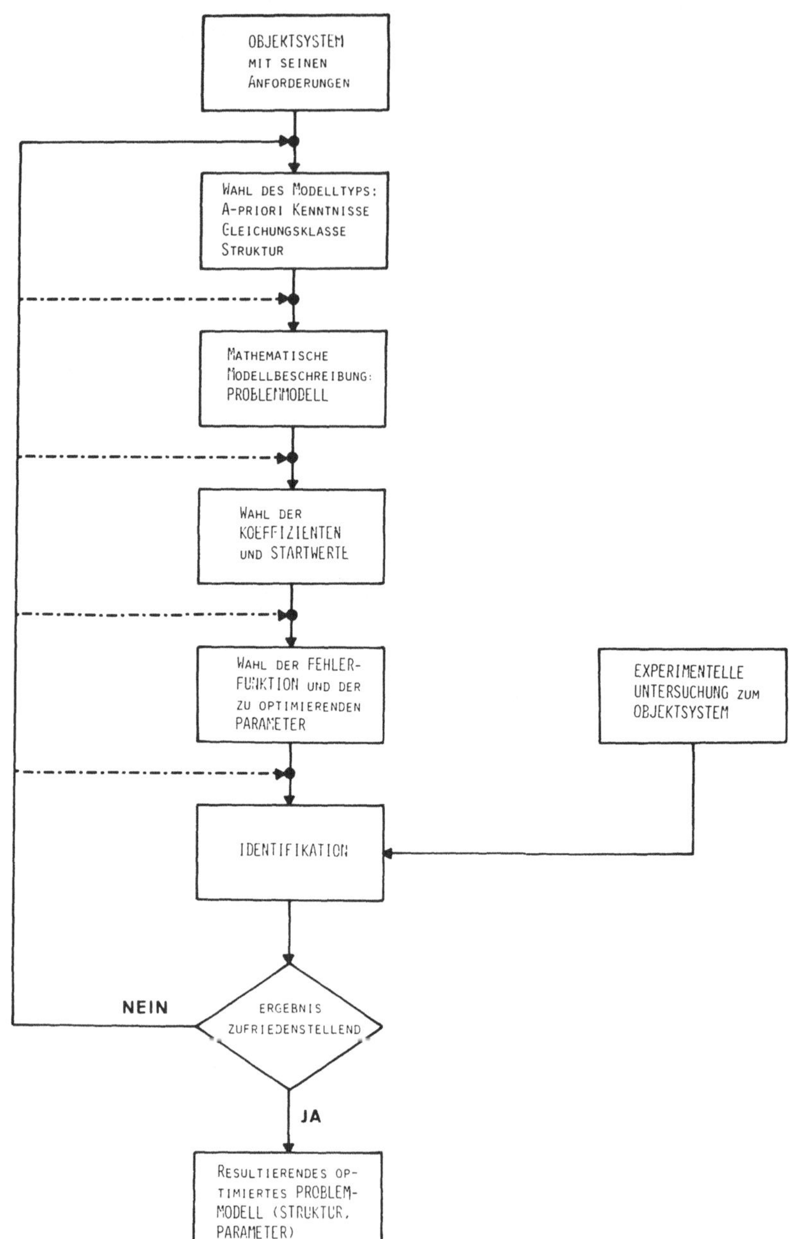

Bild 3.5: Flußdiagramm der experimentellen Modellbildung

Problematik des Einflusses der **Meßfehler** bekannt. Andererseits sind die **Meßgenauigkeit** und die Anzahl der **Meßwerte**, die entweder durch Beobachtung der Eingangs- und Ausgangsgrößen oder durch angepaßte **Testsignale** und die resultierenden **Systemantwortkurven** erhalten werden können, eine nicht bekannte Einflußgröße.

Während bei technischen Systemuntersuchungen angepaßte **deterministische** oder **stochastische Testsignale** angewandt werden können, ist man bei nicht-technischen Systemuntersuchungen hinsichtlich der möglichen **Testsignale** beschränkt. Im allgemeinen finden im Fall biomedizinischer Systemuntersuchungen deterministische Testsignale Anwendung, welche sowohl periodisch als auch aperiodisch sein können. Häufig angewandt werden deterministische aperiodische Testsignale wie z. B. die der Beziehung

$$f(t) = \begin{cases} O & \text{für } t < t_0 \\ U(t) & \text{für } t_0 < t < t_1 \\ O & \text{für } t > t_1 \end{cases}$$

genügende **Sprungfunktion** oder die der Beziehung

$$f(t) = \begin{cases} U(t) = O & \text{für } t < t_0 \\ U(t) = a(t_1 - t_0) & \text{für } t_0 < t < t_1 \\ U(t) = a(t_2 - t_0) & \text{für } t_1 > t_2 \end{cases}$$

genügende **Rampenfunktion**, die beginnend mit $U = O$ für $t_0 = O$ im Intervall $t_2 < t_1$ stationär auf dem Endwert U des Testsignals verbleibt.

Im Rahmen biomedizinischer Systemuntersuchungen entspricht der Sprungfunktion z. B. die definierte physikalische Belastung zur Erfassung der Dynamik relevanter Zustände oder Parameter wie z.B. Blutdruck, Herzfrequenz, etc. oder die orale Aufnahme eines Medikamentes zur Analyse des Grades einer Organ-Dysfunktion.

	Deduktive Methode	Empirische Methode
Voraussetzungen zur Modellbildung	Hinreichende qualitative Kenntnis des dynamischen Systems, quantitative Kenntnis der entsprechenden physikalischen Gesetze und der System- und Betriebsdaten. (System muß nicht realisiert werden)	Dynamisches System muß realisiert sein und im fraglichen Betriebszustand experimentell untersucht werden dürfen
Genauigkeit des Modells	In einfachen Fällen leicht, bei komplexen dynamischen Systemen nur mit entsprechend hohem Aufwand gute Genauigkeit erreichbar	Auch bei komplexen dynamischen Systemen ist meist gute Genauigkeit bei relativ kleinem Aufwand (einfache Modellstruktur) erreichbar
Aufwand für Modellentwicklung	In komplexen Fällen unter Umständen sehr hoch, aber einmalig. Bei wiederholtem Modelleinsatz daher meist durchaus tragbar	Wenig abhängig von Komplexität des dynamischen Systems pro Fall relativ klein, muß aber für jeden Betriebsfall erneut geleistet werden. Algorithmen wiederverwendbar
Aufwand für Modellnachbildung (Simulation)	Normalerweise mit üblichen Rechnern akzeptabel. Bei komplexen dynamischen Systemen eventuell sehr groß	Meist relativ klein, auch bei komplexen dynamischen Systemen
Möglichkeit der Übertragbarkeit	Innerhalb der Gültigkeit der Voraussetzungen prinzipiell gegeben	Prinzipiell nicht gegeben. Modell gilt nur für das untersuchte dynamische System bei bestimmtem Betriebszustand
Möglichkeit der Anpassung an veränderten Betriebszustand des Systems	Bei linearen Modellen im allgemeinen nicht gegeben, bei nichtlinearen Modellen oft modellinhärent	Bei fortlaufender Identifikation gegeben (Modelladaptation)
Möglichkeit der Vertiefung des Verständnisses zur Dynamik des Systems	Prinzipiell gegeben: Modell-Parameter und Struktur haben physikalische Bedeutung, Modell entsprechend interpretierbar	Prinzipiell nicht gegeben: Modell-Parameter und Struktur haben nur arithmetische Bedeutung, Modell nicht physikalisch interpretierbar

Tabelle 3.1: Merkmale deduktiver bzw. empirischer Modelle nach [PRO 82].

Wie aus dem Vorhergehenden ersichtlich, hat die Modellbildungs-
methode wesentlichen Einfluß auf die **Modelleigenschaften**. In
Tabelle 3.1 sind daher die wichtigsten Merkmale der deduktiven
bzw. empirischen Modelle nach [PRO 82] vergleichend gegenüber-
gestellt.

Von Vorteil bei der deduktiven Modellbildung ist die
Möglichkeit ihres Einsatzes bereits in einem sehr frühen
Stadium der Systemanalyse, ihre Übertragbarkeit auf eine ganze
Klasse analoger Problemstellungen und ihr Nutzen bei der
Vertiefung des Verständnisses dynamischer Systeme auch unter
Einbezug unzulässiger Betriebszustände (worst case Bereich).
Nachteilig ist allerdings die Unzuverlässigkeit deduktiver
Modelle bei ungenügender a-priori Information des dynamischen
Systems und der unter Umständen sehr hohe Aufwand bei der
Simulation komplexer Systeme.

Die Vorteile der empirischen Modellbildung sind im wesentlichen
die erreichbare Genauigkeit der Modellaussagen bereits bei
relativ einfachen Modellstrukturen und der geringe Aufwand bei
der Simulation. Als nachteilig ist die nur punktuelle Modell-
gültigkeit und die Beschränktheit der physikalischen Interpretation zu nennen.

3.2 Modellarten

Mittels Modellbildung werden, wie oben dargestellt, die
zunächst unstrukturierten Ausgangsdaten eines realen oder
gedachten dynamischen Systems in Form formaler Beziehungen
abstrahiert. Dabei werden nur die dem Zweck der Modellbildung
(**Anwendungszusammenhang**) entsprechenden **Systemeigenschaften**
berücksichtigt, alle anderen bleiben absichtlich unberück-
sichtigt. Die verschiedenen **Modellarten**, die für Systemuntersuchungen einsetzbar sind, lassen sich nach unterschiedlichen
Gesichtspunkten klassifizieren. Häufig wird die Klassifikation
im Hinblick auf die Art des zu untersuchenden Systems vorgenommen, z.B. **stetig** gegenüber **diskret**, **deterministisch**

gegenüber **stochastisch**, **physikalisch** gegenüber **mathematisch**, **statisch** gegenüber **dynamisch** oder **materielle** gegenüber **abstrakten** Modellen. Eine zusammenfassende Klassifikation führt auf folgende Modellarten:

- ikonische Modelle
- graphische-verbale Modelle
- physikalische Modelle
- mathematische Modelle

Den **ikonischen Modellen** liegt eine symbolische Darstellungsart zugrunde, wie sie z.B. durch **Piktogramme** in vielfältigen Anwendungszusammenhängen vorhanden sind.

Beim **graphischen Modelltyp** werden die Elemente und Funktionen des dynamischen Systems auf graphische Darstellungen im **2-dimensionalen Raum** abgebildet, wie z.B. bei der mathematischen Funktion y = f(x), die sich durch eine gezeichnete Kurve in einem Koordinatenkreuz darstellen läßt, bzw. dem Grundriß eines Bauplanes, der dem Verlauf des Mauerwerkes eines Gebäudes entspricht.

Die **physikalische** und die **mathematische Modellart** lassen sich klassifizieren wie in Bild 3.6 dargestellt:

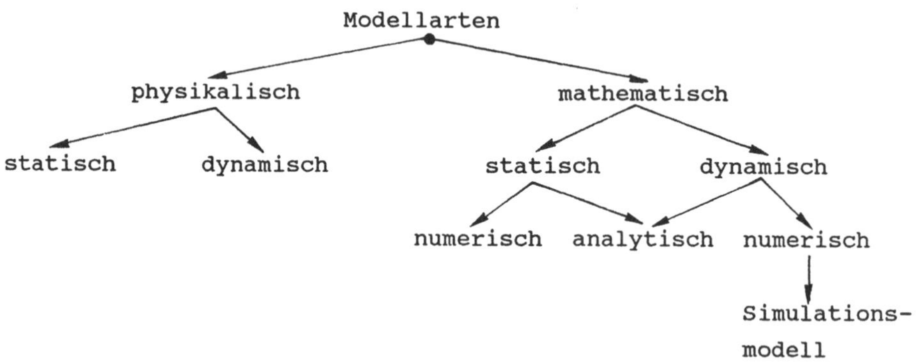

Bild 3.6: Modellarten

Bei den **physikalischen Modellen** können die Systemelemente durch physikalische Größen beschrieben werden; die Relationen lassen sich durch die Gesetze der klassischen Physik wiedergeben. Die bekanntesten Beispiele für physikalische Modelle sind im Maßstab verkleinerte Modelle von **Flugzeugen**, Automobilen und **Schiffen**, welche im **Windkanal** bzw. in Wassertanks für Entwurf- und Optimierungsstudien benutzt werden.

Da die **Ähnlichkeitsgesetze** für die Transformation des Verhaltens auf das Original gut bekannt sind, kann man vom Modell sehr genau auf das Verhalten des Systems rückschließen.

Eine andere Art physikalischer Modelle wird als **Anschauungsmodell** bezeichnet. Hierunter versteht man Modelle, die wie das nachzubildende System aussehen. Beispiele hierfür sind die Molekülstrukturen, bei denen die Atome durch Kugeln und die Atombindungen durch Stäbe dargestellt sind, bzw. die topologischen Organmodelle der Anatomie. Sowohl die **Maßstabsmodelle** als auch die **Anschauungsmodelle** gehören zur **Modellart** der statischen physikalischen **Modelle**.

Die **dynamische physikalische Modellart** basiert auf der Analogie des zu untersuchenden Systems mit anderen Systemen unterschiedlicher Art, was Bild 3.7 in vergleichender Übersicht zeigt. Ein exemplarisches Beispiel für diese Modellart ist Beispiel 13 in Abschnitt 4.3.1, welches das Einschwingverhalten einer **Fahrzeugkarosserie** als Folge einer Wegerregung (Überfahren eines Bordsteines) zeigt. Für das mechanische System nach Bild 3.7 gilt folgende Differentialgleichung

$$M\ddot{X} + D\dot{X} + CX = CF(t)$$

wobei X der Auslenkung, M der Masse, D der Dämpfungsfaktor des Stoßdämpfers und C der Federkonstanten entspricht.

Das mechanische Feder-Masse-Modell kann durch ein elektrisches Modell analog abgebildet werden, wie in Bild 3.7 gezeigt.

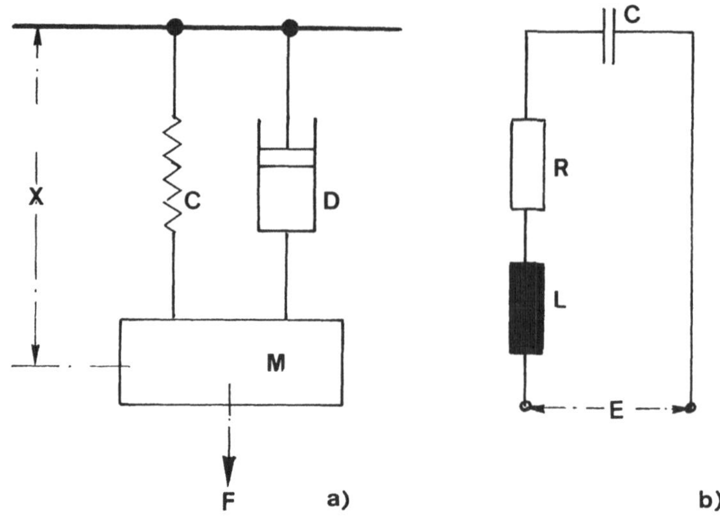

Bild 3.7: Analogie zwischen a) mechanischem und b) elektrischem System

Für das elektrische System gilt folgende Differentialgleichung

$$L\ddot{q} + R\dot{q} + \frac{q}{c} = \frac{E(t)}{c}$$

wobei q die Ladung der Kapazität ist und L der Induktivität, R der Widerstand, C die Kapazität und E(t) einer sich über der Zeit ändernden Spannungsquelle entspricht.

Ein Vergleich der beiden Differentialgleichungen zeigt, daß sie dieselbe Form haben, da zwischen beiden ein gemeinsames **Strukturkonzept** existiert der Form

$$A\ddot{X} + B\dot{X} + CX = D(t).$$

Damit lassen sich folgende **Korrespondenzen** (Rückschluß-tabelle) zwischen den Größen der obigen Systeme angeben, was Tabelle 3.2 zeigt:

mathematisches System	mechanisches System	elektrisches System
X	X: Auslenkung	q: Ladung
$\dot{X}$	$\dot{X}$: Geschwindigkeit	I: Strom
D	F: Kraft	U: Spannung
A	M: Masse	L: Induktivität
B	D: Dämpfungsfaktor	R: Widerstand
C	C: Federkonstante	1/C: Kapazität $^{-1}$

Tabelle 3.2: Rückschlußtabelle

Wie aus Tabelle 3.2 ersichtlich, sind das mechanische und das elektrische System physikalische Modelle füreinander, d.h. man kann das eine System zur Untersuchung des Anderen (Rückschluß) verwenden. Eine weitere **Transformation** führt vom mechanischen über das physikalische zum biologischen System. So ist es zweckmäßig, z.B. für das biologische **Herz-Kreislauf-System** das elektrische **R-C-L-System** bzw. das mechanische **Feder-Masse-System** zur Untersuchung heranzuziehen, da mit dem realen biologischen System in der Regel nicht in der für die Systemanalyse notwendigen Form experimentiert werden kann.

Bei der **mathematischen Modellart** werden die Elemente des Systems und ihre Attribute durch **mathematische Variablen** dargestellt. Die Aktivitäten werden durch **mathematische Funktionen** beschrieben, welche die Variablen verknüpfen. Wie aus Bild 3.6 ersichtlich, können mathematische Modelle sowohl statisch als auch dynamisch sein.

Ein **statisches Modell** stellt dabei die Beziehungen zwischen den Systemattributen dar, wenn sich das System im Gleichgewichtszustand befindet. Durch Verändern von Attributen wird der Gleichgewichtszustand verschoben und das System (Modell) persistiert auf diesen neuen Werten, zeigt jedoch nicht das transiente Verhalten. Die Art des Systems bestimmt, ob eine analytische oder numerische Lösung nötig ist.

Bei den **dynamischen Modellen** wird das zeitliche Verhalten des Systems zu einer mathematischen Gleichung, z.B. einer Differentialgleichung, in Beziehung gesetzt. Die Lösung dieser Gleichung liefert die gewünschten Ergebnisse für das dynamische System, wobei allgemeingültig gilt, daß mathematische Modelle **exakte Ergebnisse liefern**.

Wegen häufig fehlender geschlossener analytischer Lösungsverfahren werden numerische Verfahren eingesetzt und hierbei Simulationsmodelle. **Simulationsmodelle** sind dadurch gekennzeichnet, daß die Zustandsübergänge, die das System über der Zeit erfährt, unmittelbar hintereinander **(sequentiell)** durchlaufen werden. Hierzu ist in der Regel ein Rechner - Analogrechner, Hybridrechner, Digitalrechner, Superrechner etc. - erforderlich (vgl. hierzu auch Abschnitt 4.2).

Die bislang beschriebenen Modellarten besitzen eine Reihe von Vor- und Nachteilen, die zusammenfassend in Tabelle 3.3 aufgezeigt sind [**SCH** 82]:

Modellart	Vorteil	Nachteil
Ikonisches Modell	Anschaulichkeit	Begrenzte Anwendbarkeit
Graphisches Modell	Anschaulichkeit	Beschränkung auf 2 bzw. 3 Dimensionen
Physikalisches Modell	Anschaulichkeit	Begrenzte Anwendbarkeit

Modellart	Vorteil	Nachteil
Mathematisches Modell	Exakte Ergebnisse, Komplexe Systeme sind darstellbar.	Häufig keine geschlossene analytische Lösungsverfahren vorhanden. Hoher Aufwand bei der Modellerstellung.

Tabelle 3.3: Modellartengegenüberstellung

3.3 Modellbildung dynamischer Systeme

Der Modellbildungsprozeß nichtlinearer dynamischer Systeme soll nachfolgend für die analytische und die numerische Modellart ausführlicher dargestellt werden. Für das analytische Modell wählen wir das elektrische System nach Bild 3.7, für das Numerische ein ökologisches System.

3.3.1 Analytische Modellart

Für den **Reihenschwingkreis** nach Bild 3.7b gilt, daß alle Verluste im ohmschen **Widerstand** R zusammengefaßt sind, für die **Induktivität** gilt $L = \omega L$ und für die **Kapazität** $C = 1/\omega C$.

Die anliegende Spannung ist eine Gleichspannung $U_O = $ konst. Für die in Bild 3.7b angegebene Schaltung gilt nach dem **Kirchhoff'schen Maschensatz** der Elektrizitätslehre

$$U_L + U_R + U_C = U_O \tag{3.3-1}$$

wobei

$$U_R = iR$$

$$U_L = L\frac{di}{dt}$$

$$U_C = \frac{1}{C} \int idt$$

die Spannungsabfälle längs des ohmschen Widerstandes und der Induktivität sind, während die Kondensatorspannung der obigen Gleichung genügt. Das der Gleichung (3.3-1) zugrunde liegende **Strukturkonzept** genügt einer Differentialgleichung 2. Ordnung mit konstantem Koeffizienten in Normalform

$$\ddot{X} + a_1 \dot{X} + a_0 X = 0. \qquad (3.3\text{-}2)$$

Damit läßt sich folgender Rückschluß für den Reihenschwingkreis vollziehen

$$L\frac{di}{dt} + iR + \frac{1}{c} \int i\,dt = 0 \qquad (3.3\text{-}3)$$

wobei U_0 = konst = 0 gesetzt wurde.

Wird Gleichung (3.3-3) nach t differenziert, erhält man

$$L\ddot{i} + R\,\dot{i} + 1/C\,i = 0. \qquad (3.3\text{-}4)$$

Für die **homogene Differentialgleichung** 2. Ordnung mit konstanten Koeffizienten ergibt sich damit

$$\ddot{i} + R/L\,\dot{i} + 1/LC\,i = 0. \qquad (3.3\text{-}5)$$

Im **Rückschluß** auf Gleichung (3.3-2) wird $R/L = a_1$ und $1/LC = a_0$ gesetzt und man erhält mit

$$i(t) = e^{kt}$$

das zugehörige **charakteristische Polynom**

$$k^2 + a_1 k + a_0 = 0. \qquad (3.3\text{-}6)$$

Aus Gleichung (3.3-6) folgt

$$k_{1,2} = -a_1/2 \pm \sqrt{a_1^2/4 - a_0}. \qquad (3.3\text{-}7)$$

Die Wurzeln lauten

$$k_1 = -a_{1/2} + \sqrt{a^2_{1/4} - a_0}$$

und

$$k_2 = -a_{1/2} - \sqrt{a^2_{1/4} - a_0}.$$

Je nach Größe der Dämpfung a_1 werden die Wurzeln reell oder komplex; auch ergeben sich verschiedene Systemzustände, die als Fälle klassifiziert nachfolgend analytisch betrachtet werden.

1. Fall

Für eine **starke Dämpfung** liefert das charakteristische Polynom zwei reelle, verschiedene Lösungen unter der Bedingung

$$a^2_{1/4} > a_0$$

und damit

$$(R^2/4L^2 - 1/LC) > 0.$$

Es werden folgende Setzungen vorgenommen

$$a_{1/2} = \delta = \text{Dämpfungskonstante}$$
$$\stackrel{\wedge}{=} \text{Breite der Resonanzkurve,}$$
$$1/LC = \omega_0^2 = \text{Resonanzfrequenz.}$$

Für den **Dämpfungsgrad** folgt damit $D = \delta/\omega_0$; er entspricht dem **Verlustfaktor** bzw. dem Kehrwert der **Gütezahl** $= 1/Q$.

Wendet man die obigen Setzungen auf die quadratische Gleichung (3.3-7) an, folgt

$$k_{1,2} = -\delta \pm \sqrt{\delta^2 - \omega_0^{\,2}}. \tag{3.3-8}$$

Für $D > 1$ gilt $\delta > \omega_0$. Dieser Fall entspricht dem **kriechenden Einschwingen** ohne Überschwingen.

Bezieht man den Lösungsansatz $i(t) = e^{kt}$ ein, erhält man die allgemeine Lösung

$$i(t) = c_1 e^{k1t} + c_2 e^{k2t}$$

$$= c_1 e^{-\delta t + t\sqrt{\delta 2 - \omega_0 2}} + c_2 e^{-\delta t - t\sqrt{\delta 2 - \omega_0 2}}$$

$$(3.3-9)$$

Wie aus Gleichung (3.3-9) ersichtlich, liegt die **Linearkombination** zweier Exponentialfunktionen vor.

Mit der Setzung

$$e^{\pm pt} = \cos h\,(pt) \pm \sin h\,(pt)$$

erhält man für Gleichung (3.3-9)

$$i(t) = e^{-\delta t} \{c_1 \cos h\,(\sqrt{\delta^2 - \omega_0^2}\,t) + c_1 \sin h\,(\sqrt{\delta^2 - \omega_0^2}\,t) + c_2 \cos h\,(\sqrt{\delta^2 - \omega_0^2}\,t) - c_2 \sin h\,(\sqrt{\delta^2 - \omega_0^2}\,t)\}$$

Mit

$$c_1 + c_2 = c_{01}$$
$$c_1 - c_2 = c_{02}$$

folgt

$$i(t) = e^{-\delta t} \{c_{01} \cos h\,(\sqrt{\delta^2 - \omega_0^2}\,t) + c_{02} \sin h\,(\sqrt{\delta^2 - \omega_0^2})\,t\,\}$$

$$(3.3-10)$$

Wie aus den Gleichungen (3.3-9) und (3.3-10) ersichtlich, liegt die **Überlagerung** zweier **abklingender Exponentialfunktionen** vor. Es treten keine Schwingungen mehr auf; damit liegt der sog. **Kriechfall** eines schwingungsfähigen Systems vor. Für $c_{01} \neq 0$ und $c_{02} \neq 0$ weist das System noch eine Nullstelle auf, also gilt bei **starker Dämpfung** $D = \dfrac{\delta}{\omega_0} > 1$, was zusammenfassend Bild 3.8 zeigt.

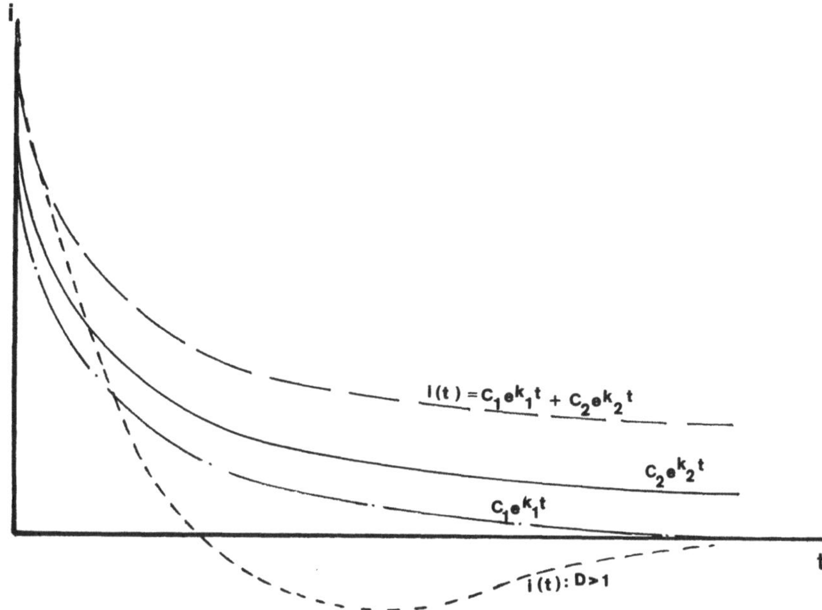

Bild 3.8: Kriechfälle bei starker Dämpfung

2. Fall

Hier liegt der sog. **aperiodische Grenzfall** vor, wobei gilt:

$$k_1 = k_2$$
$$a_{1/4}^2 - a_0 = 0$$
$$\delta^2 - \omega_o^2 = 0$$
$$D = \delta/\omega_o = 1$$

Auch hier hat Gleichung (3.3-8) Gültigkeit, allerdings ist der Wurzelausdruck Null, womit für die Lösung folgt:

$$k_1 = K_2 = -a_{1/2}.$$

Damit ergibt sich die allgemeine Lösung der Differentialgleichung

$$X_{1,2} = C_{1,2} \; e^{kt}$$

woraus durch **Variation der Konstanten** folgt

$$i(t) = (C_3 t + C_4) \; e^{kt}$$
$$= (C_3 t + C_4) \; e^{-a1/2 \; t} \tag{3.3-11}$$

Quantitativ liegt auch hier dasselbe Verhalten wie im 1. Fall
bei starker Dämpfung vor, das System schleicht hier jedoch in
die neue Lage, was Bild 3.9 zeigt.

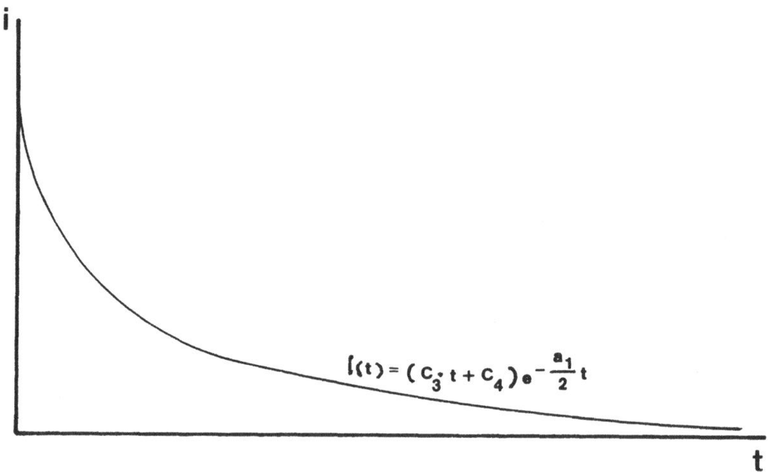

Bild 3.9: Aperiodischer Grenzfall

3. Fall

Bei diesem Fall liegt **pendelndes Einschwingen** vor, weshalb
gilt:

$$a^2_{1/4} - a_0 < 0$$

$$\delta^2 - \omega_o^2 < 0$$
$$D < 1$$
$$k_1 \text{ und } k_2 \text{ sind konjugiert komplex}$$

$$a_{1/2} = \delta$$
$$1/LC = \omega_o{}^2$$

Die allgemeine Lösung lautet

$$i(t) = c_1 \, e^{k1t} + c_2 \, e^{k2t}$$
$$= c_1 \, e^{-\delta t + jt \sqrt{\omega_o 2 - \delta 2}}$$
$$+ c_2 \, e^{-\delta t - jt \sqrt{\omega_o 2 - \delta 2}}$$
$$= e^{-\delta t} \{c_1 e^{+jt\omega d} + c_2 e^{-jt\omega d}\}$$

Mit dem Lösungsansatz

$$e^{\pm jx} = \cos x \pm j \sin x$$

folgt

$$i(t) = e^{-\delta t} \{c_1 (\cos \omega + j \sin \omega) \, t$$
$$+ c_2 (\cos \omega + j \sin \omega) \, t \}$$
$$= e^{-\delta t} \{(c_1 + c_2) \cos \omega t$$
$$+ j(c_1 - c_2) \sin \omega t \}$$
$$i(t) = e^{-\delta t} (c_3 \cos \omega t + j \, c_4 \sin \omega t) \qquad (3.3\text{-}12)$$

mit $\omega = \omega d$ als **Eigenfrequenz** der freien Schwingung des gedämpften Systems.

$i(t)$ ist eine sogenannte gedämpfte, nach dem Sinusgesetz verlaufende, **harmonische Schwingung**, deren Eigenfrequenz

$$\omega d = \sqrt{\omega_o{}^2 - \delta^2}$$

ist, wobei die Amplitude mit dem Term $e^{-\delta t}$ exponentiell abklingt. Der **Abklingvorgang** erfolgt umso schneller, je größer der **Dämpfungsfaktor** $D = a_{1/2}$ ist. Man nennt diesen Dämpfungsfaktor **logarithmisches Dekrement**, seinen Verlauf zeigt Bild 3.10.

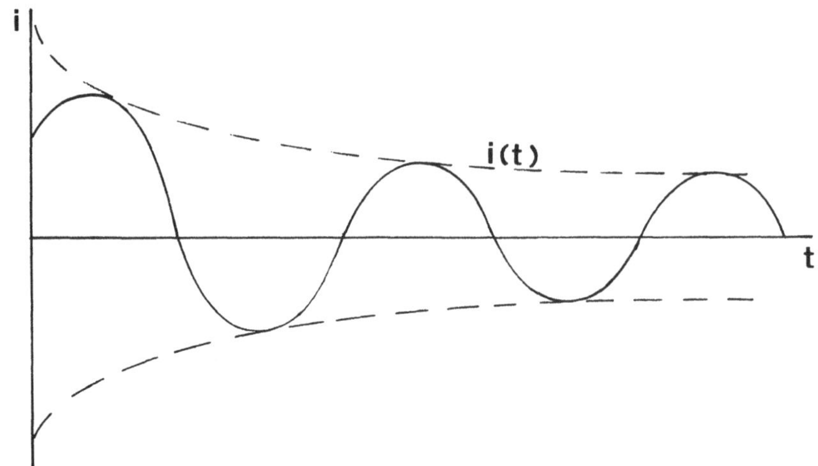

Bild 3.10: Logarithmisches Dekrement

3.3.2 Numerische Modellart

Anhand eines Systemmodells aus der **Ökologie** soll der **Modell-bildungsprozeß** für die numerische Modellart nachfolgend dargestellt werden. Die Ökologie als Teilgebiet der **Biologie** beschäftigt sich mit den vielfältigen Wechselwirkungen zwischen Populationen sowie mit den Wechselwirkungen zwischen einer Population und ihrer **Umwelt.** Unter **Population** versteht man dabei die Menge aller Individuen einer biologischen Art innerhalb eines bestimmten geographischen Lebensraumes. Dabei kann es sich sowohl um eine tierische als auch um eine pflanzliche Art handeln. Dynamische Prozesse aus zwei spezifisch wechselwirkenden Populationen werden **Räuber-Beute-System** oder **Wirte-Parasiten-System** oder **Lotka-Volterra-System** genannt. Letzteres geht auf den amerikanischen Physiker und Versicherungsmathematiker Alfred Lotha und den italienischen Mathematiker Vito Volterra zurück, die beide Wegbereiter der Mathematisierung in Biologie und Ökologie waren. Das Lotha-Volterra-System wurde ursprünglich zur Erklärung **zeitlicher Oszillationen** beim Auftreten von Fischen in der Adria entworfen.

Die sog. **Lotka-Volterra-Gleichungen** sind in ihrer Anwendung nicht auf Biologie und Ökologie beschränkt, so existieren

Gleichungen dieser Struktur in der physikalischen **Theorie** des **Lasers** [HAK 90].

Beim Lotka-Volterra-System handelt es sich um einen dynamischen Prozeß 2. Ordnung (System mit 2 **Freiheitsgraden**), d.h. der Zustand des Systems ist in jedem Zeitpunkt durch die Werte zweier Zustandsvariablen beschrieben für alle Wirte-Parasiten-Systeme bzw. Räuber-Beute-Systeme jedweder spezifischer Konkurrenz. Die Gleichung zur Beschreibung des zeitlichen Überganges der beiden Zustandsvariablen ist im allgemeinen Fall abhängig von den Werten selbst, d.h.

$$\dot{X}_1 = f_1(X_1, X_2) \qquad\qquad (3.3\text{-}13)$$
$$\dot{X}_2 = f_2(X_1, X_2). \qquad\qquad (3.3\text{-}14)$$

Die beiden Funktionen f_1 und f_2 legen die biologische Konkurrenz fest. Diejenigen Werte $\overline{X}_1$, $\overline{X}_2$, bei denen das System verharrt, heißen **singuläre Punkte**. Für sie gilt

$$f_1 (\overline{X}_1, \overline{X}_2) = 0 \qquad\qquad (3.3\text{-}15)$$
$$f_2 (\overline{X}_1, \overline{X}_2) = 0. \qquad\qquad (3.3\text{-}16)$$

Damit ist dann auch

$$\dot{X}_1 = \dot{X}_2 = 0, \qquad\qquad (3.3\text{-}17)$$

d.h. das System befindet sich im **Gleichgewicht** bzw. im **stationären Zustand**, der sich nach Gleichung (3.3-15) und (3.3-16) als Lösung eines **algebraischen Gleichungssystems** ergibt.

Das dynamische Verhalten von Systemen mit 2 Freiheitsgraden läßt sich darstellen, indem die beiden Variablen $X_1 = X_1(t)$ und $X_2 = X_2(t)$ als Funktion der Zeit aufgetragen werden. Für gewisse Analysen ist es darüber hinaus zweckmäßig, aus Gleichung (3.3-13) und (3.3-14) die Zeit zu eliminieren, gemäß

$$\frac{dX_2}{dX_1} = \frac{f_2(X_1, X_2)}{f_1(X_1, X_2)} \qquad\qquad (3.3-18)$$

und in einem Koordinatensystem die Größe X_2 als Funktion von X_1 darzustellen: $X_2 = X_2(X_1)$.

Den auf diese Weise aufgespannten (X_1, X_2)- Raum nennt man **Zustandsraum** oder **Phasenraum** (bezogen auf 2 Variable auch **Phasenebene**); der Punkt $X(t) = X_1(t)$, $X_2(t)$ durchläuft im Zustandsraum eine **Trajektorie**, deren Verlauf die zeitliche Veränderung der Lösung darstellt.

Das durch die Gleichungen (3.3-13) und (3.3-14) dargestellte **Lotka-Volterra-System** soll auf ein ökologisches Wirte-Parasiten-Modell angewandt werden, welches die Wechselwirkungen zweier Populationen beschreibt. Ein parasitäres Insekt legt Eier in die Larven von Wirten. Als Folge davon vermehren sich die Parasiten zu Lasten der Wirte, was Schwankungen in der Zahl der Wirte und Parasiten bedingt. Wächst die Zahl der Parasiten, nimmt die Zahl der Wirte ab; kommt es zu einer Verminderung der Wirtstiere, nehmen die Geburten der Parasiten ab, wodurch die Zahl der Wirtstiere wieder ansteigt. Der Prozeß über der Zeit dargestellt, weist **periodische Schwingungen** auf.

Zur Entwicklung des mathematischen Modelles wird für die Zahl der Wirte W und die Zahl der Parasiten P gesetzt. Es wird vorausgesetzt (**Randbedingung**), daß der **Geburtenüberschuß** der Wirte G deutlich über der natürlichen **Sterbequote** S liegt. Die Sterbequote infolge Infektion durch die Parasiten (Eiablage in Wirtslarven), hängt von der Begegnungshäufigkeit von Wirtstieren und Parasiten ab. Der Einfachheit halber, um für das Beispiel auf anschauliche Beziehungen zu kommen, sehen wir die Sterbehäufigkeit als proportional zum Produkt der Zahlen von Wirten und Parasiten an. Die Gleichung, die das **Wachstum** der Wirte beschreibt lautet damit

$$\dot{X}_1 = X_1(G-BX_2) \qquad\qquad (3.3-19)$$

mit X_1 als Zustandsvariable der Wirte, X_2 als Zustandsvariable der Parasiten, G als Geburtenüberschuß der Wirte und B
als **Befallskoeffizient** der Wirte.

Als weitere vereinfachende Annahme setzen wir voraus, daß jeder
Tod eines Wirtes, bedingt durch einen Parasiten, einen neuen
Parasiten erzeugt. Dies ist die einzige Möglichkeit der Parasi-
ten, sich zu vermehren. Die Sterbequote der Parasiten sei S.
Die Gleichung, die das Wachstum der Parasiten beschreibt lautet
damit

$$\dot{X}_2 = X_2(BX_1-S) \tag{3.3-20}$$

Mit den **Anfangsbedingungen**

$$X_1(0) = 10.000$$
$$X_2(0) = 1.000$$

und den Parametern

$$B = 6 \cdot 10^{-6}$$
$$G = 0.005$$
$$S = 0.5$$

ist das dynamische System bestimmt. In der Notation von CSMP
ergibt sich folgendes **Simulationsmodell**

```
TITLE            CSMP SIMULATION WIRTE-PARASITEN

INITIAL
                 PARAMETER B = 6'E-6, G = 0.005, S = 0.5
                 CONSTANT X10 = 10.000, X20 = 1.000

DYNAMIC
                 X1DOT = G*X1-B*X1*X2
                 X2DOT = B*X1*X2-S*X2
                 X1 = INTGRL (X10, X1DOT)
                 X2 = INTGRL (X20, X2DOT)
```

```
TIMER           DELT = 0.1, FINTIM = 500.0, PRDEL = 10.0

LABEL           WIRTE-PARASITEN-MODELL

PRINT           X1, X2

END

STOP
```

Das Simulationsergebnis zeigt Bild 3.11.

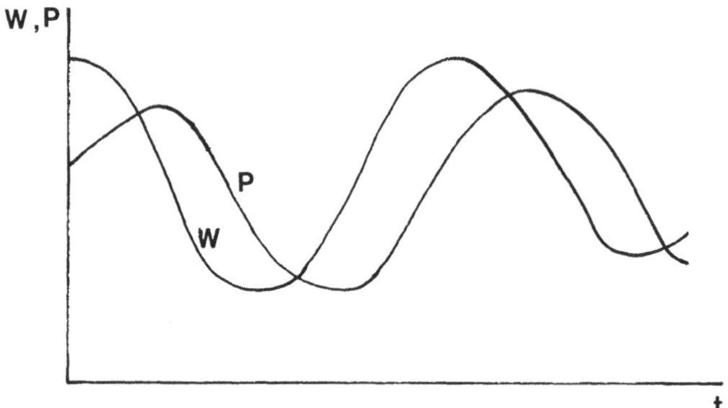

Bild 3.11: Trajektorien der Wirte X1 und Parasiten X2

Den Phasenraum des Wirte-Parasiten-Modelles zeigt Bild 3.12.

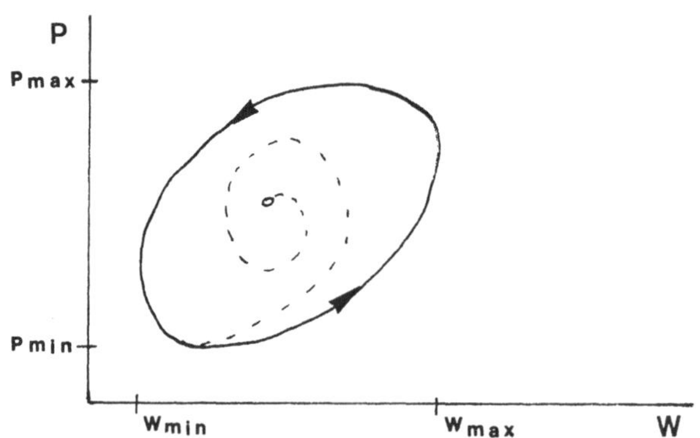

Bild 3.12: Phasenraum des Wirte (X1)-Parasiten(X2)-Modelles
(näheres siehe Text)

Aus der **Phasenraumdarstellung** ist die **Stabilität** des Systems ersichtlich, d.h. es gibt eine Größe, deren Wert während der zeitlichen Änderungen erhalten bleibt, analog der Energie z.B. bei **harmonischen Schwingungen** (Oszillator).

Im Falle eines hemmenden Einflusses einer Spezies würde ein Energieverbrauch, d.h. eine **Dämpfung** auftreten, die ein Abklingen der Oszillationen verursacht und die Bahnkurve des Phasenraumes wäre spiralig mit der Tendenz einer sich einwickelnden Spirale, was gestrichelt in Bild 3.12 angedeutet ist.

Wie aus der Betrachtung ersichtlich, gibt die Phasenraumdarstellung einen qualitativen Überblick über den Charakter von Lösungen dynamischer nichtlinearer Systeme.

Ausgehend von dem durch die Gleichungen (3.3-19) und (3.3-20) beschriebenen Standardmodell eines Wirte-Parasiten-Systems, lassen sich unterschiedliche Fragestellungen berücksichtigen und systemanalytisch untersuchen, z.B. daß die Wirtpopulation sich in Abwesenheit von Parasiten exponentiell oder logistisch vermehrt, d.h. in Entsprechung des **Verhulst-Pearl'schen-Gesetzes** den Ansätzen genügt

$$\dot{X}_1 = X_1(G-B_1X_2)-DX_1{}^2 \qquad\qquad (3.3\text{-}21)$$
$$\dot{X}_2 = X_2(B_2X_1-S) \qquad\qquad (3.3\text{-}22)$$

oder die Wirtpopulation unterschreitet eine bestimmte absolute **Untergrenze** U nicht, d.h.

$$\dot{X}_1 = X_1(G-BX_2)\ (1-\frac{U}{X1})$$
$$\dot{X}_2 = X_2(BX_1-S)$$

oder die Parasitenpopulation überschreitet eine bestimmte absolute **Obergrenze** O nicht, d.h.

$$\dot{X}_1 = X_1(G-BX_2)$$
$$\dot{X}_2 = X(BX_1-S)\ (1-\frac{X2}{O}).$$

Wegen der Nichtlinearitäten lassen sich die obigen Gleichungen nicht geschlossen lösen. Mit Hilfe der Phasenraummethode erhält man jedoch einen qualitativen Überblick über die Eigenschaften von Lösungen, was allgemeingültig für die Gleichungen (3.3-21) und (3.3-22) gezeigt werden soll. Aus den Gleichungen sind die Kurven ablesbar, für die $\dot{X}_1 = 0$ und $\dot{X}_2 = 0$ sind, d.h. es gilt

$$\dot{X}_1 = 0$$

damit folgt

$$G - B_1 X_2 - DX_1 = 0 \qquad (3.3\text{-}23)$$

bzw.

$$X_2 = \frac{G}{B1} - \frac{D}{B1} X_1 = X_2 \ (X) \qquad (3.3\text{-}24)$$

und für

$$\dot{X}_2 = 0$$

folgt

$$B_2 X_1 - S = 0 \qquad (3.3\text{-}25)$$

bzw.

$$X_1 = \frac{S}{B2}, \ \text{für alle } X_2 . \qquad (3.3\text{-}26)$$

Geometrisch bedeuten diese Lösungen, daß sich am Ort für die erste Bahnkurve (Gleichungen 3.3-23 und 3.3-24) nur die Trajektorie für X_2 ändert, da $\dot{X}_1 = 0$; umgekehrt verändert sich in der zweiten Bahnkurve (Gleichungen 3.3-25 und 3.3-26) nur X_1, da $\dot{X}_2 = 0$.

Betrachtet man den Fall des stationären Zustands, dann müssen $\dot{X}_1$ und $\dot{X}_2$ simultan gegen Null gehen. Dies verlangt

$$\overline{X}_1 = \frac{S}{B2} \quad \text{bzw.} \quad \overline{X}_2 = \frac{G}{B1} - \frac{S\,D}{B1B2}$$

was bedeutet

$$\overline{X}_1 \text{ ist immer positiv}$$

$$\overline{X}_2 \text{ ist für } \frac{D}{B2} > \frac{S\,D}{B1B2}$$

$$\text{bzw. } \frac{G}{D} > \frac{S}{B2}$$

Aus diesen Ungleichungen ist ersichtlich, wie groß das Aufnahmevermögen G/D der Umwelt für X_1 mindestens sein muß, damit gleichzeitig auch noch eine gewisse Anzahl von X_2 zulässig ist.

Die Dynamik des Systems kann grafisch durch Pfeile für $\dot{X}_1$ und $\dot{X}_2$ veranschaulicht werden. Dabei gilt folgender Zusammenhang:

$$\text{Für } X_1 > S/B_2 \text{ ist } \dot{X}_2 \text{ positiv (Pfeil 1);}$$
$$\text{für } X_1 < S/B_2 \text{ ist } \dot{X}_2 \text{ negativ (Pfeil 2).}$$

Für Punkte oberhalb $X_2 = G/B_1 - D/B_1 \cdot X_1$ ist $\dot{X}_1$ negativ (Pfeil 3) und für Punkte unterhalb ist $\dot{X}_1$ positiv (Pfeil 4), was Bild 3.13 zeigt.

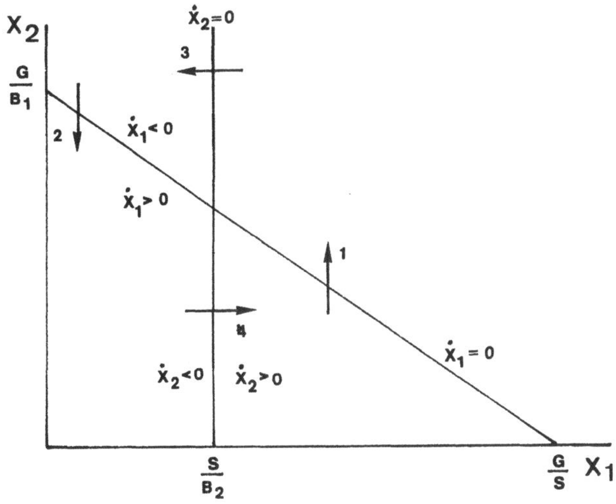

Bild 3.13: Graphische Darstellung der Systemdynamik

3.4 Modellverifikation

Unter **Modellverifikation** verstehen wir im folgenden die Über-prüfung der **Abbildungstreue** zwischen mathematischem Modell und realem dynamischen System. Erst die erfolgreiche Modell-verifikation, die **Modellvalidation**, gestattet die Übertragung von Modellergebnissen auf Zustände bzw. Parameter des dyna-mischen Systems, die z. B. einer direkten Messung nicht zugänglich sind. Damit ist die Modellverifikation zentraler Punkt jedweder Modellbildung, da nur ein hinreichend validiertes Modell zum Zwecke der **Modellvorhersage** ein-setzbar ist. Dabei ist zu bedenken, daß es keine vollständige Übereinstimmung zwischen mathematischem Modell und realem dynamischen System gibt. Die Modellverifikation kann deshalb nur für gleiche Randbedingungen innerhalb eines vorgegebenen Toleranzbereiches durchgeführt werden, indem man die errechnete Lösung und die experimentell z. B. durch Messungen am realen dynamischen System bestimmten Größen miteinander vergleicht. Das Vertrauen in die **Abbildungstreue** des mathematischen Modelles nimmt zu, je mehr Fälle von Übereinstimmung beobachtet werden. Es ist jedoch nicht möglich, wie bereits im Abschnitt 3.1 diskutiert, mit Hilfe der Modellverifikation die Korrektheit des mathematischen Modelles in toto zu beweisen. Beobachtet man Fälle, in denen das mathematische Modell und das reale dynamische System nicht innerhalb des vorgegebenen Toleranzbereiches liegen, spricht man von **Modellfalsifikation** (vgl. Abschnitt 3.1). Aus den möglichen auftretenden Ablagen ist die notwendige Korrektur abzuleiten, die, abhängig von der Art der Ablage, auf den unterschiedlichen Ebenen des Modellbildungsprozesses, durchzuführen ist, was Bild 3.4 zeigt.

Aus dem Dargelegten ist zweierlei ersichtlich: Sowohl die Qualifikation nach Bild 3.3 an sich ist ein iterativer Vorgang, wie auch die Teilaufgabe zur Bestimmung der Modellparameter, die Simulation und Optimierung. Dazu betrachten wir das mathematische Modell eines realen dynamischen Systems der Form

$$Y_K (i) = f (\theta_1, \theta_2, \ldots, \theta_n); \quad i = 1, 2, \ldots, n$$

(3.4-1)

wobei θ_i die unbekannten Parameter und $Y_K(i)$ die wahren Werte meßbarer Größen sind. Im Regelfall sind nicht die wahren Werte $Y_K(i)$, sondern lediglich fehlerbehaftete Meßwerte $Y_{Mess}(i)$ bekannt. Gesucht sind die Parameter θ_i, die mit den fehlerbehafteten Meßwerten $Y_{Mess}(i)$ am besten übereinstimmen, was Bild 3.14 zeigt.

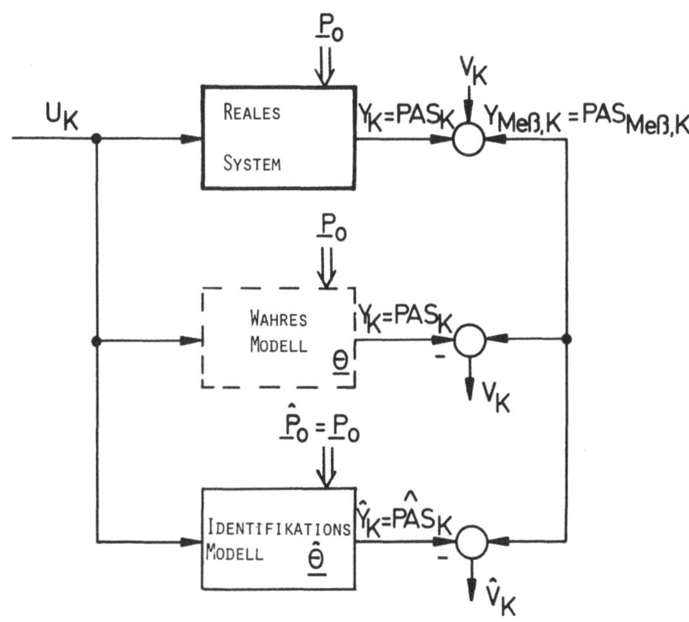

Bild 3.14: Zusammenhang zwischen wahrem Modell und Identifikationsmodell

Übereinstimmung gemäß Bild 3.14 ist nur durch Vergleich der Ausgangsfolge $\{Y(\theta)\}$ des Identifikationsmodelles (Schätzmodell) mit dem durch Meßfehler v verrauschten Ausgang des realen dynamischen Systems $Y_{Mess} = Y_K \pm v$ möglich.

Die Differenz

$$\hat{v}_K(\hat{\theta}) := Y_{Mess,K} - \hat{Y}_K(\hat{\theta}) \tag{3.4-2}$$

kann als Schätzung des tatsächlichen Ausgangsfehlers v_K in dem Sinne aufgefaßt werden, daß für $\theta = \theta_s$ gilt:

$$\hat{v}_K \, (\hat{\underline{\theta}} - \underline{\theta}_s \,) = v_K \qquad\qquad (3.4\text{-}3)$$

An dieser Stelle tritt nun das Problem auf, daß die Übereinstimmung von $\{\hat{v}_K\}$ mit $\{v_K\}$ nicht überprüft werden kann, da $\{v_K\}$ unbekannt ist. Es ist nur möglich, der Folge $\{\hat{v}_K\}$ gewisse statistische Kenngrößen von $\{v_K\}$ aufzuprägen, z. B. für **stationäres Meßrauschen**, dessen **Erwartungswert** E $\{v\}$ und dessen **Varianz** $\sigma^2 v$.

Unter der Voraussetzung, daß $\{v_K\}$ stationär und weiß ist, gilt, daß der Parametervektor $\underline{\theta} = \underline{\theta}_{min}$, für den die Summe der quadratischen Abweichungen von v_K $(\underline{\theta})$ von $\hat{v}_K$ $(\hat{\underline{\theta}})$ minimal ist, d. h.

$$J \, (\hat{\theta}) = \sum_{K=1}^{N} \hat{v} \, (\hat{\underline{\theta}})_K - E \, \{v\})^2 \quad \to \text{Min} \qquad\qquad (3.4\text{-}4)$$

eine **konsistente Schätzung** des wahren Parametervektors ist, d. h.

$$\text{p} \,\lim_{N \,\to\, \infty} \, \hat{\underline{\theta}}^{\,N}_{\,Min} = \underline{\theta}_s \qquad\qquad (3.4\text{-}5)$$

mit

$$\text{p} \,\lim_{N \,\to\, \infty} \, \frac{1}{N} \, J \, (\underline{\theta}^{\,N}_{\,Min}) \; = \; \sigma^2 v \qquad\qquad (3.4\text{-}6)$$

Für den Fall E $\{v\} = 0$ erhält man aus Gleichung (3.4-4) unter Benutzung von Gleichung (3.4-2) das **Fehlerkriterium** der kleinsten **Ausgangsfehlerquadrate** in der bekannten Form (vgl. Abschnitt 5.2.2).

$$J(\hat{\theta}) = \sum_{K=1}^{N} \hat{v}_K^2(\theta) = \sum_{K=1}^{N} (Y_{Mess,K} - \hat{Y}_K(\theta))^2 \rightarrow Min \tag{3.4-7}$$

Auf der Grundlage dieses allgemeinen Verfahrens wurden zahlreiche Modifikationen entwickelt, z. B. die **Methode der gewichteten kleinsten Fehlerquadrate**, bei der die Gleichungsfehler e (K) der Zielfunktion unterschiedlich gewichtet werden, wie folgt

$$J(\hat{\theta}) = \sum_{l=1}^{M} dl \sum_{K=1}^{N} (Y_{Mess,X} - \hat{Y}_K(\theta))^2 \overset{!}{=} Min \tag{3.4-8}$$

mit dl als Wichtungsfaktor der m-Ausgangsgrößen.

Von Bedeutung für die Brauchbarkeit der Methode der kleinsten Fehlerquadrate sind die **Erwartungswerte** ihrer Schätzwerte. Ein Maß für die Genauigkeit der **Schätzwerte** ist die **Varianz** der Schätzwerte u. a. in Abhängigkeit von der **Meßfehlervarianz**.
Bei der **Modellverifikation** eines stochastischen Prozesses muß für das Beobachtungsintervall **Stationarität** und **Ergodizität** erfüllt sein (vgl. Abschnitte 1.3.1 und 1.3.4). Ist das der Fall, dann ist der zeitliche Mittelwert gleich dem Ensemble-Mittelwert, d. h. die Erwartungswerte haben die gleiche Wahrscheinlichkeitsverteilung.
Den **Erwartungswert** 1. Ordnung erhält man ausgehend vom Mittelwert des stationären Prozesses

$$\overline{X}_S = E\{X(\beta)\} = \int_{-\infty}^{\infty} X(\beta)\, p(X)\, dx$$

bzw. des ergodischen Prozesses

$$\overline{X}_E = E\{X(\beta)\} = \lim_{T \to \infty} \frac{1}{\beta} \sum_{\beta=1}^{T} x(\beta)$$

für $\overline{X}$, mit dem Beobachtungsintervall T.

Der **Erwartungswert 2. Ordnung** entspricht dem quadratischen Mittelwert

$$\sigma^2_{XS} = E\{X^2(\beta)\} = \int_{-\infty}^{\infty} X^2(\beta)\, p(X)\, dx$$

bzw.

$$\sigma^2_{XS} = E\{X^2(\beta)\} = \lim_{T \to \infty} \frac{1}{T} \sum_{\beta=1}^{T} X^2(\beta)$$

Der Erwartungswert 2. Ordnung ist die Varianz, d. h. das Quadrat der Abweichungen der Zufallsverteilung der Ereignisse vom Mittelwert. Bezogen auf die Modellverifikation ist damit eine **Varianzanalyse** durchzuführen. Über die **Standardabweichung**, die durch Radizieren der Varianz berechnet wird, erhält man ein Maß für die Abweichung vom Mittelwert X der statistischen Grundgesamtheit. Dies führt dann auf die folgende allgemeine **Fehlerabschätzung**, welche die Erwartungswerte der ergodischen statistischen Verteilungen der zugrunde gelegten Daten ermöglicht

$$|\overline{X}_E - \overline{X}_S| \sim \frac{\sigma}{\sqrt{n}}\quad .$$

4 Simulation

4.1 Simulationsbegriff

Als Simulation (Verähnlichung) bezeichnet man eine Nachbildung, bei der nicht das reale System selbst, sondern ersatzweise das Modell des Systems untersucht wird.

Definition 27
Wir definieren die **Simulation** als die Reproduktion des statischen und/oder dynamischen Verhaltens eines realen Systems, basierend auf einem materiellen oder immateriellen Abbild der Realität, dem Modell, welches diejenigen Aspekte des realen Systems beschreibt, die für den angestrebten Erkenntnisgewinn von Bedeutung sind, um aus den Simulationsergebnissen auf die Eigenschaften des realen Systems rückschließen zu können. ∎

Angemerkt werden soll an dieser Stelle, daß der experimentelle Charakter der Simulation, z. B. durch Neuwahl von Parameterwerten, Veränderung der Modellstruktur etc., nicht dazu führen darf, die Simulation als experimentelle Methode anzusehen. Die Simulation genügt nämlich nicht den Randbedingungen, die an ein naturwissenschaftlich begründetes Experiment gestellt werden:

Ein **Experiment** ist begründet

- am Gegenstand der Untersuchung selbst und
- an unabhängigen Meßverfahren.

Einer **Rechnersimulation** entspricht die Berechnung der Ausgangsgrößen Y des mathematischen Modelles zu den verschiedenen Eingangsgrößen U. Dabei ist es jedoch nicht möglich, mathematische Modelle zu entwickeln, deren Eingangs- und Ausgangsverhalten identisch denjenigen des realen Systems sind. Man muß sich immer mit Annäherungen innerhalb einer Fehlerschranke an das reale System durch das mathematische Modell begnügen.

Angemerkt werden soll, daß Simulation nicht zwingend den Rechnereinsatz erfordert, wenngleich diese Form heute bei der Simulation im Regelfall im Vordergrund steht.

4.2 Simulationsmethoden

In Abhängigkeit der gewählten Modellbeschreibungsform liegt die Simulation vor als physikalische Ähnlichkeit, Isomorphie oder mathematische Abbildung, wie in Abschnitt 3.1 dargestellt.

Im folgenden beschränken wir uns ausschließlich auf die Rechnersimulation, da auch moderne physikalische Simulatoren wie z. B. Kreislaufsimulatoren, Lungensimulatoren, Fahrzeugsimulatoren etc. über Schnittstellen rechnerunterstützt betrieben werden [MÖL 85, TSU 87].

Mathematische Modelle als Beschreibungsform des Zusammenhanges zwischen Ursache und Wirkung, welche die ausgewählten (z. B. physikalischen) Systemeigenschaften global oder explizit enthalten, sind häufig analytisch nicht mehr geschlossen lösbar. Die im allgemeinen in Frage kommenden Näherungsverfahren zur Lösung können in vier Gruppen eingeteilt werden:

I   Berechnung des **charakteristischen** Polynoms nach Überführung des Differentialgleichungssystems in ein algebraisches Gleichungssystem

II   **Eigenwertberechnung**

III   Analoge Lösung des **Differentialgleichungssystems**

IV   **Numerische Verfahren** zur Lösung des Differentialgleichungssystems

Aus diesen Näherungsverfahren können die Simulationswerkzeuge abgeleitet werden. Es sind dies:

- Analogrechner
- Hybridrechner
- Digitalrechner
- Digitale Integrieranlagen
- Parallelrechner
- Supperrechner

Die Signalverarbeitung und die Abwicklung der zur Simulation notwendigen Rechenabläufe ist für die einzelnen Simulationswerkzeuge unterschiedlich organisiert, wie in [SCH 80] ausgeführt und in Bild 4.1 zusammenfassend dargestellt.

Signalver- arbeitung / Rechenabläufe	Parallel	Sequentiell
Analog	Analogrechner	
	DDA-Hybridrechner	
Digital	Parallelrechner Transputer Superrechner	Digital- rechner

Bild 4.1: Signalverarbeitung und Rechenabläufe von Simulationswerkzeugen

Der **Analogrechner**, verfügbar seit den frühen fünfziger Jahren, wurde überall dort eingesetzt, wo zeitkontinuierliche dynamische Systeme durch Differentialgleichungen beschrieben werden konnten. Es liegt in der Regel eine direkte Zuordnung zwischen verwendeten Rechenelementen und den aus dem mathematischen Modell sich ergebenden elementaren Rechenoperationen vor, d.h. eine **Hardwarerealisierung**. Die simultane Verfügbarkeit von n-Integratoren erlaubt die zeitlich parallele iterative Berechnung der n-Differentialgleichungen, weshalb das Systemverhalten häufig in Echtzeit simuliert werden konnte.

Im **Hybridrechner** sind die Vorzüge von Analog- und Digital- rechner vereinigt, d. h. als Hybrid-Multiprozessorsystem die Echtzeitsimulation (Rechengeschwindigkeit) und die Rechen- genauigkeit.

Der **Digitalrechner** verfügt über eine arithmetische Einheit, weshalb die Rechenoperationen sequentiell ausgeführt werden. Digitalrechner werden zur Simulation parallel-kontinuierlicher Systeme und diskret-serieller Systeme eingesetzt. Das kontinuierliche System wird dabei diskretisiert. Seine **Programmierung** erfolgt auf unterschiedlichen **Sprachebenen**, wobei man, in Abhängigkeit der **Benutzerfreundlichkeit** von gering bis gut, folgende grobe Zuordnung erhält:

- Maschinensprache
- Assembler
- Höhere Programmiersprache
- Problemorientierte Programmiersprache

Dabei kann man folgende zeitliche Entwicklung festhalten:

1955-1960   Anwender-Programmierung für Simulatoren
1960-1965   1. Generation von Simulationssprachen
1965-1970   2. Generation von Simulationssprachen
1970-1980   verbesserte Möglichkeiten der Simulatoren, wie
            z.B. Interaktivität, kombinierte Simulation,
            diskret und diskret-ereignisorientiert,
            zustandsorientiert etc.
1980 bis   einfache Modellerzeugung und Ausführung durch
            Integration von Datenbanken, Wissensbasen,
            Graphik, AI etc.

Beim Digitalrechner liegt somit das mathematische Modell in Form einer **Softwarerealisierung** vor.

Die **digitale Integrieranlage** (DDA = Digital Differential Analyzer) ist ein **Multiprozessorsystem**, welches besonders gut anwendbar ist zur genauen und schnellen Simulation repetiver Vorgänge.

Parallelrechner basieren auf einer speziellen Architektur leistungsfähiger Prozessoren im Verbund mit einer höheren Programmiersprache. Bei Parallelrechnern wurde die klassische (serielle) **von Neumann-Architektur** erfolgreich durchbrochen. Moderne Entwicklungen liegen im Bereich der **Transputer** und in der Anwendung bei der Simulation neuronaler Netze auf Transputerbasis.

Supercomputer sind eine besonders leistungsfähige Klasse von Parallelrechnern für die Simulation höchstkomplexer Strukturen bei schnellster Zykluszeit. Supercomputer sind Rechner, die sich gegenüber anderen Parallelrechnern dadurch unterscheiden, daß mit ihnen die jeweils neuesten leistungsfähigen Techniken zum Einsatz kommen, die im Regelfall erst Jahre später zum allgemeingültigen Stand der Technik gehören. Um Rechenleistungen im Mega- und Gigaflop-Bereich (1 Megaflop = 1 Million Floating Point Operations/second) zu erzielen sind die Grenzen der eingesetzten Miniaturisierungsverfahren wie z.B. die **lichtoptische Lithographie** − die Chipstrukturen werden kleiner als die Wellenlängen des sichtbaren Lichtes − durch neue Verfahren wie z.B. **Röntgen-** und **ElektronenstrahlLithographie** - Chipstrukturen bis etwa 0.1 m - zu überwinden. Auch neue halbleitende Verbindungen wie das **Gallium-Arsenid** (GaAs) durch seine hohe Elektronenbeweglichkeit - Schaltzeiten im Pikosekunden-Bereich - verbessern letztlich die Rechenleistung. Drastisch erhöhen ließ sich die Rechenleistung nur noch dadurch, daß man die sequentielle Neumann-Architektur zugunsten paralleler Architekturen verlassen hat.

In den sogenannten **Vektorrechnern** der 1. Supercomputer Generation verarbeitete ein Prozessor lange Ketten verschiedener aber zusammengefügter Daten nach dem **Single Instruction - Multiple Data** (SIMD)-Prinzip.

Die Multiprozessor Rechner Architektur der 2. Supercomputer Generation ist dagegen so organisiert, daß viele voneinander unabhängige Prozessoren gleichzeitig und parallel an der Lösung von Teilaufgaben eines großen komplexen Problems arbeiten. Die Prozessoren arbeiten dabei nach dem **Multiple Instruction – Multiple Data (MIMD) Prinzip**, d.h. sie greifen dabei entweder auf einen gemeinsamen Speicher zu oder sie verfügen über einen eigenen lokalen Speicher.

An dieser Stelle lassen sich die Möglichkeiten der Simulation, die z. B. durch das Vorhandensein von Supercomputern entstehen, bewerten. Der Simulation kommt als dritte Säule neben Theorie und Experiment eine erhebliche Bedeutung zu. In den vielen Fällen, in denen Experimente nicht durchführbar sind, gelingt es mittels Simulation auf Supercomputern, Antworten auf äußerst komplexe Fragestellungen zu erhalten, was wiederum zum besseren Verständnis der Theorie beiträgt. Beispiele hierfür sind z. B. der orts- und zeitabhängige Ablauf von Verbrennungsvorgängen in Dieselmotoren oder die Wetter- oder Klimavorhersage, aerodynamische Simulationen im Flugzeugbau, Crash- und Windkanal-Simulationen im Fahrzeugbau, Modellierung von Molekülen, Erforschung der menschlichen Erbanlagen etc. Darüber hinaus ermöglichen Simulationen mittels Supercomputer Aufschluß über die Brauchbarkeit von Hypothesen, beispielsweise bei astrophysikalischen Problemen, wie dem zeitlichen Verlauf der Materieverteilung bei der Sternentstehung [HAL 88] oder bei medizinischen Fragestellungen wie z. B. der Temperaturregulation [WER 90] oder dem Tumorwachstum und der Tumortherapie [DÜC 90].

Die Grenzen der Simulation mit Supercomputern liegen neben dem enormen Aufwand an paralleler Programmierung im Monetären. Bei Kosten von über 100 Millionen US$ verfügen nur wenige Zentren (Universitäten, Forschungsinstitute) und einige wenige Firmen über derart teure Werkzeuge.

Um die Möglichkeiten des Einsatzes des Werkzeuges Simulation zu erweitern, wird derzeit weltweit daran gearbeitet, die

klassische Beschreibungsebene der Simulation als informationsverarbeitenden Prozeß durch die Metaphrase wissens- resp.
regelverarbeitende Verfahren zu erweitern.

Erweiterungen der Simulation durch Expertensysteme findet man
bei:
- Diagnose Expertensystemen [MÖL 90]
- Intelligenten Front-End Expertensystemen [MÖL 91]
- Entscheidungsunterstützenden Expertensystemen [MÖL 91]

Zur Bewertung der aktuellen Situation durch ein **Expertensystem** müssen die aktuellen Zustandswerte der verschiedenen
Zustände zueinander in Beziehung gesetzt werden, auch um Trends
abzuleiten.

Trends können durch **Datenreduktion**, d.h. durch Extraktion
von Merkmalen aus dem Originalzustand z.B. mittels **Mittelwertbildung** oder **Stichprobenanalyse** gebildet werden (vgl.
hierzu Abschnitt 1.3).

Das Expertensystem ermöglicht nun einerseits, die Schlußfolgerungen eines **Entscheidungsunterstützungssystems** nachzuvollziehen, um sie z.B. auf Anfrage erklären zu können
(**Erklärungskomponente**), andererseits wird dadurch die
schnelle Änderung der anzuwendenden Verknüpfungen erleichtert
in Bezug auf sich ändernde Anforderungen.
Häufig können in den Regeln miteinander verknüpfte Konzepte nur
sehr ungenau spezifiziert werden. Real existieren für gewisse
Zustände keine scharfen Grenzen, vielmehr ist der Zustandsübergang fließend. Zur Beschreibung derartiger Unschärfen benötigt
der Systemanalytiker geeignete Mechanismen zur Repräsentation
solcher unscharfer Systemkonzepte, wie sie z.B. durch die
Fuzzy-Set-Theorie gegeben ist.

Für die im obigen Sinne beschriebenen **unscharfen Zustandsübergänge** gibt es, wie in der **monokontexturellen Logik**,
logische Verknüpfungen, mit deren Hilfe man zu begründeten
Entscheidungsabläufen kommt. So ist es durch Anwendung der

Fuzzy-Set-Theorie möglich, auch beim Vorliegen von unvollständigen Zustandsdaten und/oder zum Teil widersprüchlichen Zustandsinformationen, begründete Entscheidungen zu treffen.

Die **Fuzzy-Set-Theorie** erweitert das **wahr** (Wahrheitswert 1) oder **falsch** (Wahrheitswert 0) der klassischen monokontexturellen Logik, um Beschreibungsformen wie **"ein bißchen wahr"**, **"halbwahr"**, **"ziemlich wahr"**, **"nicht ganz falsch"** oder **"recht unwahr"**.

Die Grundlagen der **Fuzzy-Set-Theorie** wurden bereits 1965 entwickelt [ZAD 65]. Das Grundprinzip der **Fuzzy-Set-Theorie** basiert auf der **wissensbasierten Technik** einer Zustandsverarbeitung **linguistischer wenn/dann-Regeln** [ZIH 90]. In der praktischen technischen Anwendung ermöglicht die Fuzzy-Set-Theorie bei deutlich reduziertem Aufwand eine flexible Bewältigung von Aufgaben mit scharfen bzw. unscharfen Zustandsübergängen.

Die Verarbeitungsform mit **Fuzzy-Logik** ist kostengünstiger als vergleichbare **Expertensysteme**, da weniger Regeln für die Rückschlüsse benötigt werden. Insgesamt kann damit der Rechen- und Programmieraufwand wesentlich vereinfacht werden.

4.3   Simulationswerkzeuge für kontinuierliche Systeme

4.3.1 Analoge Simulation

Bei der analogen Simulation werden die Systemgrößen des realen dynamischen Systems durch analoge Größen, in der Regel sich ändernde Spannungen, als Lösungen von **Differentialgleichungen** dargestellt. Beim elektrischen **Analogrechner** wird das mathematische Modell des Systems (Differentialgleichungen) durch entsprechende Beschaltung und Verschaltung elektronischer Rechenverstärker, Potentiometer, Funktionsgeneratoren etc. in einem Koppelplan abgebildet (siehe hierzu [SCH 80]). Das setzt voraus, daß sich die zu lösende Simulationsaufgabe in Rechenoperationen zerlegen läßt, die als Analogrechnerfunktion zur Verfügung stehen.

Nach Aufstellung des **Koppelplanes**, d. h. der zweckmäßigen Anordnung der Rechenelemente zur Problemlösung, ist der **Wertebereich** der Systemvariablen festzulegen und wegen der begrenzten Aussteuerbarkeit der Rechenelemente diese durch **Normierung** anzupassen. Normiert werden kann die abhängige Variable (**Amplitudennormierung**) und die unabhängige Variable (**Zeitnormierung**). Dabei normiert man zweckmäßigerweise so, daß der Bereich der Zustandsvariablen so groß wie möglich, aber stets kleiner Eins - der **Maschineneinheit** - bleibt. Daraus folgt

$$\beta_t < \frac{1}{|X|\,max} \quad \frac{[\text{Maschineneinheit}]}{[\quad \text{Zeiteinheit} \quad]}$$

Die unabhängige Variable t wird durch die normierte, maschinenunabhängige Variable $T = (b_t, t)$ abgebildet. Mit β_t als **Zeittransformationsfaktor** gilt

$$\beta_t < \frac{1}{t_{max}} \quad \frac{[\text{Maschineneinheit}]}{[\quad \text{Zeiteinheit} \quad]}$$

mit der Ungleichung

$$0 \leq T \leq 1.$$

Beim **Analogrechner** liegt damit eine Hardwarerealisierung des Differentialgleichungssystems vor.

Betrachten wir die Vor- und Nachteile analoger und digitaler Simulationswerkzeuge näher, so ist dies zunächst sinnvoll für den Wertebereich, die Genauigkeit und den Rechenzeitbedarf. Es zeigt sich, daß der **Wertebereich** des Digitalrechners praktisch "unbegrenzt" groß ist gegenüber dem des Analogrechners. Der statische bausteinbedingte **Fehler** des Analogrechners mit 10^{-4} bis 10^{-5} ist gegenüber dem statischen **Rundungsfehler** des Digitalrechners mit $10^{-9} - 10^{-11}$ ebenfalls größer.

Dynamische Fehler weisen beim Analogrechner mehr oder minder stark ausgeprägt alle Blöcke auf, beim Digitalrechner nur das numerische Integrationsverfahren, dessen Fehler auf dem **Diskretisierungs-** oder **Abbruchkriterium** des verwendeten Iterationsverfahrens beruht.

Bezüglich der **Rechenzeit** ist der Analogrechner wegen seiner parallelen Arbeitsweise dem konventionellen Digitalrechner überlegen, da der Zeitbedarf der parallelen Arbeitsweise des Analogrechners unabhängig ist von der Ordnung des Systems. Die Entwicklung der modernen, auf hohen Datendurchsatz angelegten Architekturen wie **Vektor-** oder **Array-Prozessoren**, Pipeline-Strukturen, **Parallelarchitekturen**, **Transputer** etc. hat jedoch diesen Vorteil des Analogrechners stark relativiert.

Die **parallel verteilte Informationsverarbeitung** ist gekennzeichnet durch die Aufteilung der Rechenoperationen auf viele parallele Prozessoren via **Busstruktur.** Ein Ausfall einzelner Prozessoren wirkt sich hierbei, im Gegensatz zur klassischen sequentiellen **von Neumann-Architektur,** kaum auf die Gesamtleistungsfähigkeit des Digitalrechners aus.

Anhand eines Beispieles sollen die allgemeinen Ausführungen nachfolgend konkretisiert werden.

Beispiel 13:
Für das in Bild 4.2 angegebene Modell des **Zweimassenschwingers** ist dessen Einschwingverhalten als Folge einer Wegerregung Z (t) zu untersuchen. Es liegt eine typische Entwicklungsaufgabe aus dem Bereich **Fahrzeugbau** - hier **Federbein** eines Kraftfahrzeuges - vor. Es gelten folgende Zuordnungen:

M_1:   Aufbaumasse der **Karosserie**

M_2:   **Radmasse:** anteilig Dämpferrohr, Achsschenkel, Federmasse, Bremsscheibe, Bremse, Welle, Radzapfen, Reifen, Lenker, Stabilisator und Spurstange

C_1:   Federkennlinie der **Fahrzeugfederung** für die gilt: $F_{C1} = C_1 \cdot a$

C_2:   **Reifensteifigkeit**

D :   **Stoßdämpferkennlinie**; verschiedene Kennlinien für Zug und Druck, was Bild 4.3 zeigt. Es gilt: $F_D = D \cdot a$.

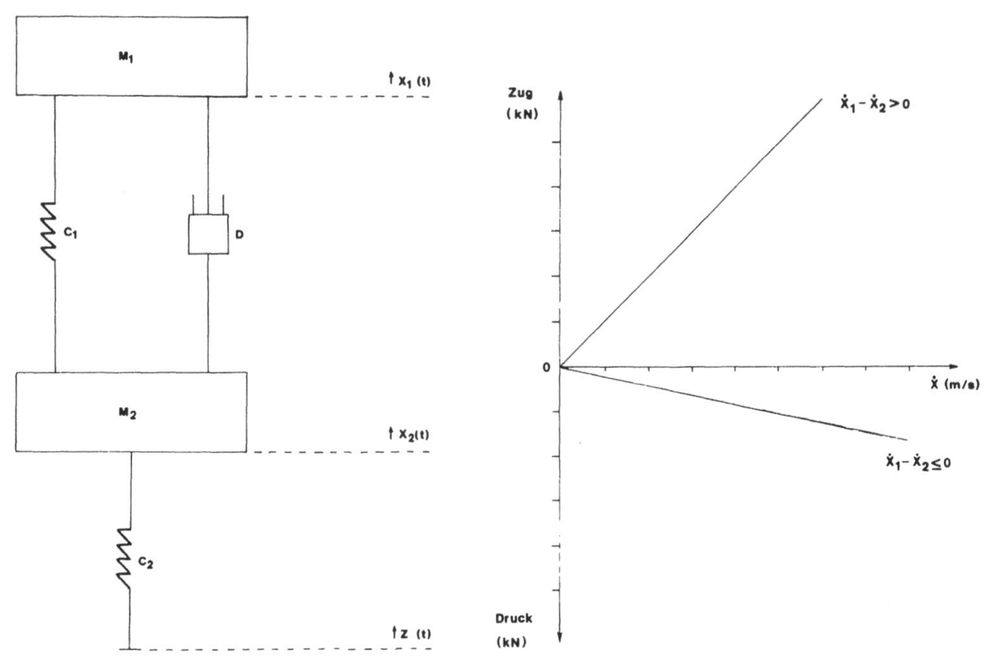

Bild 4.2: Federbein   **Bild 4.3**: Stoßdämpferkennlinien
        (näheres siehe Text)

Die Gleichungen für M_1 und M_2 lauten

$$M_1 \ddot{X}_1 = -C_1 (X_1 - X_2) - D (\dot{X}_1 - \dot{X}_2) = F_{C1} - F_D$$

$$(4.3-1)$$

130

$$M_2 \ddot{X}_2 = D \ (X_1 - X_2) + C_1 \ (\dot{X}_1 - \dot{X}_2) - C_2 \ (X_2 - Z)$$

$$= F_D + F_{C1} - F_{C2}$$

$$(4.3-2)$$

Die **Anfangsbedingungen** sind wegen der Massenträgheit

$$X_1 \ (0) = 0 \quad ; \quad \dot{X}_1 \ (0) = 0$$

$$X_2 \ (0) = 0 \quad ; \quad \dot{X}_2 \ (0) = 0$$

Zur Lösung der Gleichungen (4.3-1) und (4.3-2) ist der **Koppelplan** für den **Analogrechner** zu entwickeln. Die Verschaltung der Recheneinheiten ist unmittelbar aus der Differentialgleichung durch Auflösung nach der höchsten Ableitung und Anwendung der Methode der fortgesetzten Integration abzuleiten, was Bild 4.4 zeigt.

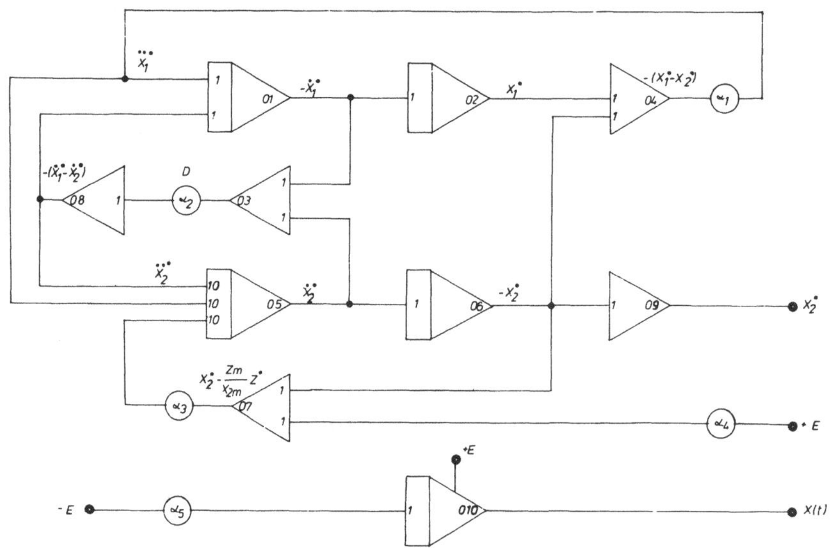

Bild 4.4: Analogrechner-Koppelplan des Federbeins nach
Bild 4.2

Die Integratorketten X_1*-Integratoren 01 und 02 - und X_2*-Integratoren 05 und 06 - mit ihren unterschiedlichen Ordnungen (Ableitungen) zusammen mit den Summierern - Summierer 03, 04, 07 und 08 - und den Potentiometern, welche die Koeffizienten der Differentialgleichungen abbilden - α_1, α_2 und α_3 -, stellen das vollständige Gleichungsabbild nach (4.3-1) und (4.3-2) dar.

Für die Analogrechnersimulation ist nun die Einführung der Maßstabsfaktoren vorzunehmen. Die **Amplitudennormierung** wird mit $X1 = M_{X1} \cdot X_1^*$, $X2 = M_{X2} \cdot X_2^*$ und die Zeitnormierung mit $t = M_t \cdot T$ eingeführt. Löst man darüber hinaus den auf diese Weise erhaltenen normierten Gleichungssatz nach der höchsten Ableitung der gesuchten Variablen X_1^* und X_2^* auf, wobei man zweckmäßigerweise zur Vereinfachung $M_{X1} = M_{X2}$ setzt, da im eingeschwungenen Zustand $X1 = X2 = Z$ gilt, erhält man schließlich für Gleichung (4.3-1) und Gleichung (4.3-2).

$$\ddot{X}_1^* = 1 / M1 \, [- D \cdot M_t \, (\dot{X}_1^* - \dot{X}_2^*) - C_1 M_t^2 \, (X_1^* - X_2^*)]$$

$$(4.3-3)$$

$$\ddot{X}_2^* = 1 / M2 \, [D \, M_t \, (\dot{X}_1^* - \dot{X}_2^*) + C_1 \, M_t^2 \, (X_1^* - X_2^*)]$$

$$- C_2 \, M_t^2 \, (X_2^* - \frac{Z}{M_{X2} \, E} \, E \,)]$$

$$(4.3-4)$$

Mit Hilfe des Maßstabsfaktors lassen sich die entsprechenden Werte der Potentiometer α_i (i = 1, ..., 5) bestimmen sowie ein günstiger Wert für den **Zeitmaßstabsfaktor** M_t ermitteln.

Die Einschwingdauer wird abgeschätzt und hieraus t_{max} gewählt. Damit kann $T_{max} = t_{max}/M_t$ berechnet werden, ebenso der Wert des Potentiometers $\alpha_5 = |E|/T_{max}$.

Der in Bild 4.3 angegebene **Analogrechner-Koppelplan** des Federbeins nach Bild 4.1 enthält nicht die in Bild 4.2

angegebene Dämpferkennlinie. Diese kann mittels einer Komparatorschaltung realisiert werden.

Auf die Darstellung der am Analogrechner gewonnenen Ergebnisse wird an dieser Stelle verzichtet. Erwähnenswert ist aber, daß zur Lösung eines Optimierungsproblems, wie z. B. das Schwingverhalten des Federbeines, lediglich der Wert des Potentiometers α_2 variiert und das transiente Verhalten von X_1 und X_2 analysiert wird.

4.3.2 Digitale Simulation

Digitale Simulationssysteme bilden eine aus der **Simulationssprache**, dem Simulationsprogrammsystem, dem Digitalrechner sowie den zugehörigen Ein- und Ausgabegeräten bestehende Einheit. Wesentliche Elemente sind der sogenannte Translator und der Simulator. Der **Translator** genannte Übersetzer generiert aus dem eingegebenen Programm ein vollständiges und gleichwertiges Programm in einer **Compilersprache** wie z. B. **FORTRAN, C, Pascal** etc., welches anschließend durch den **Compiler** des Betriebssystems in ein **Maschinenprogramm** übersetzt und mit Standardelementen der Systembibliothek zu einem lauffähigen **Simulator** zusammengebunden wird. Werden im Simulationsmodell Fehler entdeckt (z. B. eine **implizite Funktion**) erfolgt nach einer Fehlermeldung der Abbruch der Simulation noch vor Ausführung des eigentlichen Simulationslaufes.

Definition 28
Wir definieren einen **Simulationslauf** als die in diskreten Schritten erfolgende Berechnung aller Zustandsübergänge des in der **Rechenreihenfolge** sortierten mathematischen Modelles, und zwar ausgehend vom Startwert $X(t_o)$ zum Endwert $X(t_e)$ bei konstanter oder variabler **Schrittweite**. ∎

Ein Klassifikationsschema für **Simulationssprachen** bzw. **Simulationspakete** ist die Einteilung in Simulationssysteme für kontinuierliche und diskrete Systeme. Zu den Simulationssystemen für kontinuierliche dynamische Systeme gehören die blockorientierten Simulationssprachen wie z. B. **DARE, SIDAS, PSI, PROSIM, SIMULANT II** etc. und die gleichungsorientierten Simulationssprachen wie z. B. **ACSL, CADSIM, CSMD** und **SLCS4**, um nur einige zu nennen. Auch das **Simulationspaket GPSS-F-III** ist zur Simulation kontinuierlicher dynamischer Systeme geeignet. Es besitzt in dieser Beziehung den Sprachumfang anderer Simulatoren wie z. B. **ACSL**. GPSS gehört ebenso wie **SIC, DEMOS, SIMSCRIPT** und **SIMULA** zu den **Simulationssprachen** für diskrete Systeme.

Des weiteren gibt es Simulationssprachen, die sowohl für kontinuierliche als auch für diskrete Zustandsübergänge einsetzbar sind, wie z. B. **DISCO, SLAM II, GPSS-F-III, SIMPLEX II**. Demgegenüber ist das Simulationspaket **GASP** nur für diskrete Systeme einsetzbar.

Im Vergleich zu einer Simulationssprache besteht ein Simulationspaket aus einer Bibliothek von Unterprogrammen, die in einer höheren Programmiersprache geschrieben sind. So besteht z. B. das Simulationspaket **GPSS-F-III** aus einem in **FORTRAN 77** geschriebenen Hauptprogramm und über 100 Funktionsunterprogrammen. Von Nachteil ist bei Simulationspaketen der Umstand, daß der Anwender die Basissprache, in der das Simulationspaket geschrieben wurde, beherrschen muß. Dies ist - im Vergleich mit einer Simulationssprache - vorteilhaft, da die Sprachkonstrukte einer Simulationssprache im Regelfall nicht ergänzt oder verändert werden können, die Basissprache demgegenüber vielfältige Erweiterungen zuläßt.

Darüber hinaus unterscheidet man bei den Simulationssystemen für diskrete Systeme noch im Hinblick auf die Erfassung der Zeitsteuerung:
- **Transaktionsorientierte** Simulationssprachen, bei denen die Zeitabläufe entsprechend den vorprogrammierten, den verschiedenen Blöcken zugeordneten logischen Konditionen, erfolgen. Sprachkonstrukte sind: **Transaktionen** (Verkehrs-

elemente); **Blöcke**, **Facilities** (Bedienungsstationen); **Speicher**, **Ques** (Warteschlangen); logische **Schalter**; numerische und logische **Variable**; **Funktionen** und **Tabellen**.

- **Eventorientierte** Simulationssprachen, die besonders für die Bearbeitung von zeitabhängigen und bedingten events (Ereignissen) geeignet sind.
- **Aktivitätsorientierte** Simulationssprachen, deren Ablauf erst dann aktiv wird, nachdem spezifizierte Bedingungen erfüllt sind.
- **Prozeßorientierte** Simulationssprachen, bei denen jedes Sprachkonstrukt (Modellelement) direkt das nächstfolgende Ereignis auslöst.

Das nachfolgende, nicht auf Vollständigkeit bedachte Schema zeigt - in vergleichender Gegenüberstellung - diese Zusammenhänge von Simulationssoftware (Simulationssprachen, Simulationspakete).

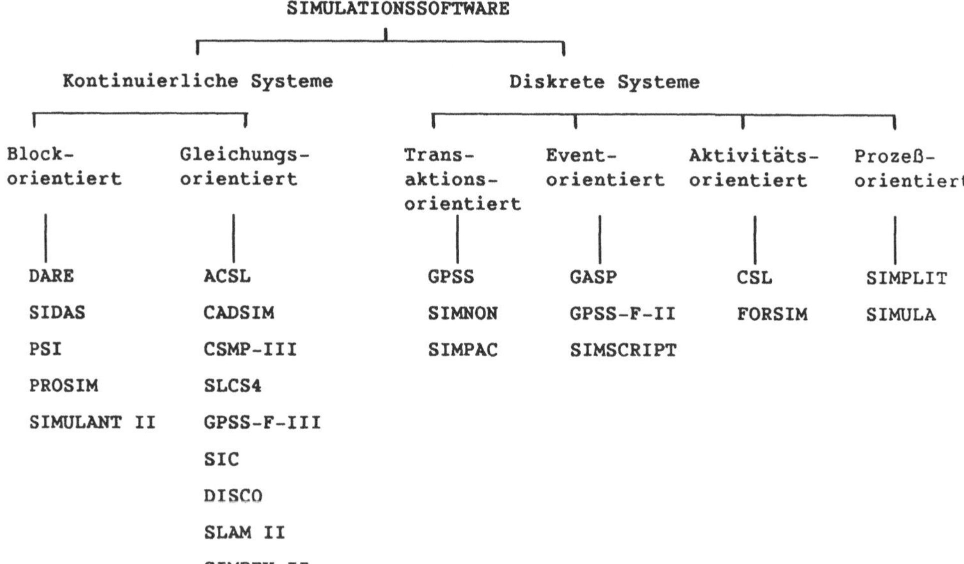

Am Beispiel der weit verbreiteten Simulationssprache **CSMP-III**, die sowohl block- wie auch gleichungsorientiert ist, soll die Implementierung eines mathematischen Modelles dargestellt werden. Diese geht entweder von einem Blockdiagramm oder vom Differentialgleichungssystem aus. **CSMP** steht für Continuous System Modelling Program und ist, insbesondere bei systemanalytischen Fragestellungen, vorteilhaft einsetzbar, da für diesen Bereich eine umfangreiche Programmbibliothek mit festen Funktionen bereitsteht sowie die Möglichkeit, spezielle Funktionen zu deklarieren.

Der Modellaufbau in **CSMP** gliedert sich in drei Bereiche
- **INITIAL**
- **DYNAMIC**
- **END,**
welche die drei Instruktionstypen, die Struktur-, Daten- und Steueranweisungen, enthalten.

Strukturanweisungen bilden das System über mathematische Gleichungen in Form von algebraischen Anweisungen einer höheren Programmiersprache und in Form von Funktionsblöcken ab.

Datenanweisungen weisen den symbolisch definierten Parametern, Konstanten und Anfangsbedingungen numerische Werte zu.

Steueranweisungen legen den Ablauf und die Ausgabevariablen der Simulation fest.

Der nur zu Beginn der Simulation durchlaufene wahlfreie Anfangsbereich **INITIAL** kennzeichnet den Anfang des zur Initialisierungsphase gehörenden Programmsegments. Hier werden die Parameterwerte festgelegt, die Anfangswerte berechnet sowie weder zeit- noch simulationsabhängige Berechnungen durchgeführt. Der nachfolgende **DYNAMIC**-Bereich beinhaltet die gesamte Modellbeschreibung mit den für die Simulation notwendigen **Steueranweisungen** und gegebenenfalls der notwendigen Einteilung in **prozedurale** Unterbereiche vermittels der **NOSORT** und **SORT**-Anweisung. Grundsätzlich sind die zur Phase **INITIAL** und **DYNAMIC** gehörenden Segmente **nichtprozedural**, d. h. sie unterliegen einer Sortierung. Die Strukturanweisungen des **DYNAMIC**-Bereiches bestehen aus **CSMP**- und **FORTRAN**-Anweisungen. Damit können spezielle Funktionen des Modelles wie z. B. Nichtlinearitäten, Reglercharakteristiken etc. als **FORTRAN**-Unterprogramm geschrieben werden.

Der wahlfreie Endbereich wird zur Steuerung am Ende eines Simulationslaufs benötigt. Die Möglichkeit der Steuerung ist, insbesondere bei Parameterstudien sowie Optimierungs- und Randwertproblemen, von großem Vorteil.

Bei Parameterstudien werden hinter jeder **END**-Anweisung die zu verändernden Parameter mit ihren neuen Werten angegeben wie folgt:

```
END
PARAMETER  XXA = Y,   XXB = YY,   XXC = YYY
END
PARAMETER  XXA = YV,  XXB = YYV,  XXC = YYYV
END.
```

Will man die Auswirkungen von Parametern über einen größeren Wertebereich untersuchen, z. B. $XXA = Y$ bis Z, und zwar in äquidistanten Abständen ΔY, dann können die notwendigen Simulationsläufe über eine **Mehrfachparameterangabe** aufgerufen werden, wie nachfolgend beispielhaft angegeben:

```
PARAMETER  XXA = (Y, K *  DY)
END.
```

Zum Zwecke der **Parameteroptimierung** wird der **Optimierungs-algorithmus** im sogenannten **TERMINAL**-Bereich implementiert. In diesem kann abgefragt werden, ob das Minimum erreicht und damit das Optimierungsproblem gelöst ist bzw. wie die Parameter im Hinblick auf die optimale Lösung zu verändern sind. Der **TERMINAL**-Bereich muß als letzte Anweisung **CALL RERUN** enthalten, mit der automatisch eine neue Simulation mit den

geänderten (optimierten) und den festgehaltenen Parameterwerten
durchgeführt wird. Ein entsprechender Programmabschnitt für die
Parameteroptimierung lautet somit

```
        TERMINAL
                CALL PAROPT (X, N, F, EPS, MXF)
                CALL RERUN
```

Die drei relevanten Datenanweisungen in **CSMP** betreffen die
Anfangsbedingungen **INCON**, die Zahlenwerte der unabhängigen
Größen **CONSTANT** und die Variablenwerte **PARAMETER**.

Anhand eines dynamischen Systems soll nachfolgend der Einsatz
von **CSMP** demonstriert werden. Dabei greifen wir auf das
bereits in Abschnitt 2.6 durch die Gleichungen (2.6-2) und
(2.6-3) beschriebene Zustandsmodell zurück.

Beispiel 14:

```
TITLE     CSMP SIMULATION ZUR PHARMAKOKINETIK
*         PHARMAKOKINETIK
*         ZWEIKOMPARTMENTMODELL
*         SIMULATIONSEINHEITEN: X1 (MIKROGRAMM)
*                               X2 (MIKROGRAMM)
*                               T  (H)
*


INITIAL
        PARAMETER K12 = 1.0, K2 = 0.5
        CONSTANT A = 0.    , K31 = 0.    , X10 = 100., X20 = 100.

DYNAMIC
        X1DOT = -K12 * X1 + U
        X2DOT =  K12 * X1 - K2 * X2
        X1    =  INTGRL (X10, X1DOT)
        X2    =  INTGRL (X20, X2DOT)
        U     =  A * EXP (-K31 * TIME)
```

```
TIMER    DELT = 0.1, OUTDEL = 0.2, FINTIM = 10.0
LABEL    MEDIKATION FALL 1
PRTPLT   U,X1,X2
END
         RESET LABEL
         CONSTANT A = 200.0, K31 = 1.5, X10 = 0., X20 = 0.
LABEL    MEDIKATION 2
END
STOP
```

Im Beispiel 14 sind auch die für einen Simulationslauf
notwendigen **Steueranweisungen** eingebunden, und zwar TIMER,
DELT, OUTDEL, FINTIM. Dabei bedeuten **FINTIM** die Endzeit der
Simulation, **OUTDEL** charakterisiert den Zeitschritt für die
Ausgabe der gewählten Variablen und **DELT** kennzeichnet das
Zeitintervall des gewählten Integrationsverfahrens. Diese drei
Anweisungen werden in der Anweisung **TIMER** zusammengefaßt.
Die Steueranweisung **PRTPLT** legt die auszugebenden Größen
fest. Die Ergebnisse dieses Beispiels zeigt Bild 4.5.

Zunächst wurde das Zustandsmodell der Gleichungen (2.6-2) und
(2.6-3) mit a-priori Werten für K12 und K2 bzw. K31 entwickelt
und das Resultat dieses Simulationslaufs mit den tatsächlichen
Meßwerten verglichen. Dabei zeigte sich bereits, daß man mit
der Annahme relativ einfacher **proportionaler** Relationen
zwischen den einzelnen Zustandsübergängen und dem jeweiligen
Medikamentengehalt qualitativ richtig lag. Daraufhin wurden die
Parameterwerte für K12, K2 und K31 in weiteren Simulations-
läufen so lange variiert, bis der simulierte Zeitverlauf der
Zustandsvariablen X1 und X2 dem tatsächlichen Verlauf der
Medikamentation hinreichend genau angeglichen war, was Bild 4.5
zeigt.

Um die Ähnlichkeit gängiger Simulationssprachen für
kontinuierlich dynamische Systeme mit **CSMP** zu demonstrieren,
soll das in Bild 4.2 gezeigte Federbein in die Simulationssprache ACSL umgesetzt werden.

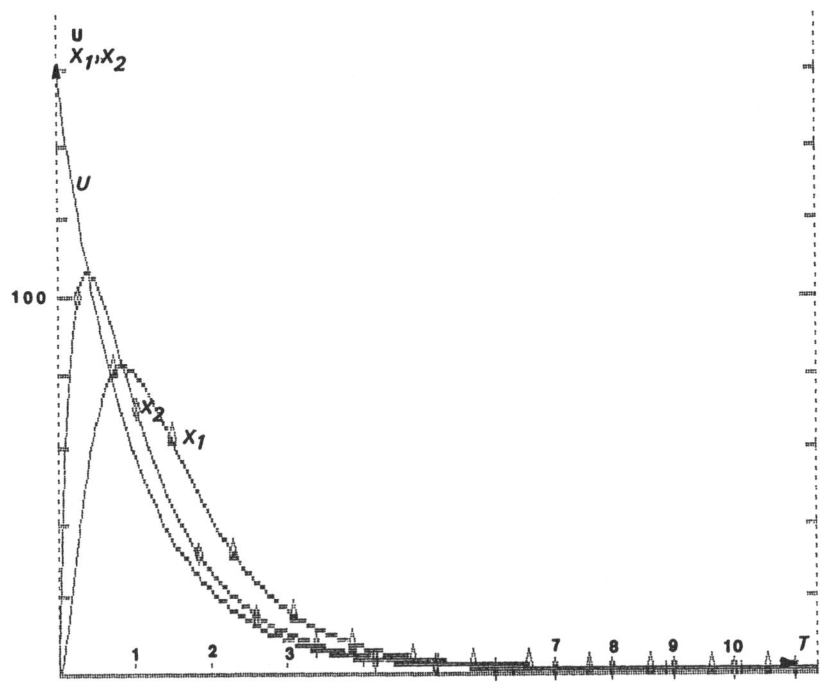

Bild 4.5: Zeitverläufe der Kompartmentkonzentrationen

Beispiel 15:

```
PROGRAMM FEDERBEIN
ARRAY X(2), XD(2), XDD(2), XDA(2), XA(2), CDH(2)
"EINHEITEN SIND KG, N/M, KN, CM"
INITIAL
"MASSEN"
      CONSTANT M1 = 200., M2 = 30.
"FEDER UND DAEMPFUNGSKONSTANTE"
      CONSTANT C1 = 1.E4, C2 = 4.E4, D = 1.E3
"INTEGRATIONSINTERVALL"
      CONSTANT TEND = 5., CINT = 0.1
"ANFANGSBEDINGUNGEN"
      CONSTANT XA(1)  = 0., XA(2)  = 0.
      CONSTANT XDA(1) = 0., XDA(2) = 0.
"  "
```

```
END $ "INITIAL"
DYNAMIC
DERIVATIVE
     Z = PULSE (0., TEND, 10. * CINT)
     PROCEDURAL (XDD = X, XD)
     XDD(1) = (- D * (XD(1) - XD(2)) - C1 * (X(1) - X(2)) / M1
     XDD(2) = (- D * (XD(2) - XD(1)) - C1 * (X(2) - X(1))
                                    - C2 * (X(2) - Z)) / M2
     END $ "PROCEDURAL"
"INTEGRATION"
     XD = INTVC (XDD, XDA)
     CALL XFERB (XDH = XD), 2
     X = INTVC (XDH, XA)
END $ "DERIVATIVE"
" "
     TERMT (T.GE.TEND)
END $ "DYNAMIC"
END $ "PROGRAMM"
```

Um die Dämpfungskennlinie des Federbeines nach Bild 4.3 im Beispiel 15 zu implementieren, ist in der Anweisung **PROCEDURAL** auch D zu deklarieren und für D die Kennlinie für Druck bzw. Zug z. B. als Tabelle oder als **LABEL** über eine **IF-Abfrage** einzugeben.

Aus Beispiel 15 wird insbesondere im Vergleich zur Analogrechnerrealisierung in Bild 4.4 der Vorteil der digitalen Simulation evident.
Weder ist hier eine Normierung erforderlich noch sind umfangreiche Differentialgleichungssysteme entsprechend umzurechnen. Das mathematisch formulierte Zustandsmodell der Gleichungen (4.3-1) und (4.3-2) ist direkt in gleichungsorientierter Form eingebbar, die Anfangsbedingungen und die Parameterwerte sowie Konstanten sind einzugeben und die Simulationszeitdauer ist festzulegen. Die Lösung der Differentialgleichungen erfolgt sequentiell, weshalb die parallelen Strukturen in eine seriell abzuarbeitende Folge von Rechenanweisungen umgesetzt werden müssen.

4.3.3 Bestimmung der Rechenfolgeliste

Eine Sortierung der Rechenanweisungen, d. h. die Bestimmung der **Rechenfolgeliste**, erfolgt durch ein spezielles **Steuerprogramm**. Dazu sind die eine Rechenfunktion abbildenden **Strukturelemente** in eine solche Reihenfolge zu bringen, innerhalb der zur Auswertung der Differentialgleichung die Berechnung der Strukturelemente in einem Durchgang, d. h. nichtiterativ, zu den richtigen Eingangsgrößen der Integratoren führt. Der Wert eines Strukturelementes ist bekannt, wenn er eine der folgenden Eigenschaften besitzt:

- Das Strukturelement ist eine Konstante.

- Der Ausgangswert des Strukturelementes zum Zeitpunkt t_{n+1} ist entweder durch den Anfangswert oder durch eine zeitlich einen Integrationsschritt zurückliegende Auswertung bekannt.

- Der Ausgangswert des Strukturelementes ist im aktuellen Zeitintervall bereits berechnet worden.

Der dem **Sortiervorgang** zugrunde liegende **Suchalgorithmus** arbeitet prinzipiell wie folgt: Zunächst werden alle Strukturelemente des mathematischen Modelles in eine **Strukturliste** S eingetragen, wo sie in beliebiger Reihenfolge stehen. Ausgehend von einer integralen Abbildung werden die Plätze der Strukturelemente eingekellert, die diesen entgegen der **Signalflußrichtung**, folgen. Dann wird geprüft, ob die Eingangswerte der enthaltenen Strukturelemente bekannt sind. Ist das nicht der Fall, wird dieses **Strukturelement** zum aktuellen deklariert und das bisher betrachtete eingekellert. Dies wird rückwärtsschreitend so lange fortgesetzt, bis bekannte Strukturelemente auftreten. Die Suche wird an dieser Stelle abgebrochen, und das Strukturelement wird in die **Rechenfolgeliste** R eingetragen.

Nach dem Eintrag in die Rechenfolgeliste wird das ihm wirkungsmäßig nachstehende Strukturelement ausgekellert und hinsichtlich der übrigen vorherigen Strukturelemente weiter bearbeitet. Die in die Rechenfolgeliste aufgenommenen Strukturelemente werden aus der Strukturliste nach dem **FILO-Prinzip** (First-in-Last-Out) gestrichen, so daß das zuletzt gefundene Strukturelement als erstes in der Rechenfolgeliste erscheint. Dadurch ist es möglich, daß Strukturelemente, die als Folgeelemente früherer integraler Abbildungen vorkommen, nicht mehr in die Rechenfolgeliste aufgenommen werden müssen. Diese Untersuchung endet, sobald der Keller K leer ist. Dann beginnt das Verfahren erneut mit dem nächsten noch unbekannten Strukturelement der Strukturliste. Das Suchverfahren ist beendet, wenn alle integralen Abbildungen abgearbeitet sind.

Die **automatischen Sortieralgorithmen** der modernen deskriptiven (beschreibenden) Simulationssprachen (Gegensatz prozedurale Sprache : algorithmisch) befreien den Anwender von der Aufgabe, sein Modell in der zeitlich richtigen Reihenfolge zur Bearbeitung der Strukturelemente (z. B. Blöcke) einzugeben. Der Sortieralgorithmus erstellt selbständig, wie oben beschrieben, die zeitlich richtige Reihenfolge: Strukturelemente (Blöcke) ohne Eingang, Strukturelemente (Blöcke), deren sämtliche Eingänge an Integratorausgängen liegen (damit sind die Anfangsbedingungen der Integratoren berücksichtigt) und die weiteren Strukturelemente (Blöcke) des Simulationsmodelles dergestalt, daß sich ihre Eingangsgrößen aus den Ausgangsgrößen anderer Strukturelemente (Blöcke) errechnen lassen.

Eine formalere Beschreibung der **Sortierung** ist durch nachfolgenden Algorithmus gegeben, wobei S = Strukturliste, R = **Rechenfolgeliste** und **K** = **Keller** als geordnete Mengen betrachtet werden [NÖL 88].

1. $S = \{s_1, \ldots, s_n\}$
     $R = K = 0$

2.   falls $K = \{k_1, \ldots, k_m\} = 0$

    $s_{akt} = km;$

    $K = K \setminus \{km\};$

    sonst falls $S = \{s_1, \ldots, s_n\} = 0$

      $s_{akt} = s_1;$

      $S = S \ \{s_i\};$

    sonst

      Ende

3.   falls s_{akt} vorbekannt oder alle Vorstrukturelemente s_j
    ε R

      $R = \{r_1, \ldots, r_i, s_{akt}\}$

      sonst

      $K = \{k_1, \ldots, km, s_{akt}\}$

      falls ein Vorstrukturelement s_j von s_{akt} existiert,

      mit $s_j \ \varepsilon$ R

      $s_{akt} = s_j;$

      weiter bei 3;

4.   weiter bei 2;

Wie aus der formalen Beschreibung der Sortierung ersichtlich, ist der Sortieralgorithmus so lange aktiviert, bis alle Strukturelemente des vorliegenden mathematischen Modelles erfaßt sind. Ist das nicht möglich, z. B. bei **impliziten Funktionen** des Typs (sogenannte **algebraische Schleife** in der Diktion des Sortieralgorithmus)

$$y = f\ (t,\ y),$$

wird ein **Sortierfehler** angezeigt. Einfache algebraische Schleifen erkennt der obige Algorithmus daran, daß vor dem Einkellern eines Strukturelementes überprüft wird, ob dasselbe Strukturelement schon im Keller enthalten ist. In diesem Fall wird der **Sortieralgorithmus** abgebrochen, da keine gültige Rechenfolge bestimmt werden kann.

4.3.4 Numerische Lösung von Anfangswertproblemen

Die digitale Lösung der in Abschnitt 4.3.2 angegebenen Beispiele erfolgt mittels numerischer Integrationsverfahren für vorgegebene Anfangswerte. Wie im Abschnitt 2.1 beschrieben, ist damit ein **Anfangswertproblem** zu lösen, welches im Intervall $[t_o, t_e]$ durch die Zustandsdifferentialgleichung

$$\dot{X}(t) = f(t, X(t))$$

$$(4.3-5)$$

und den Anfangswert $X(t_o)$ gegeben ist. Selbstverständlich sind in Gleichung (4.3-5) auch vektorwertige Funktionen zugelassen, so daß durch Gleichung (4.3-5) auch Zustandsdifferentialgleichungssysteme darstellbar sind.

Die Grundidee zur **Lösung des Anfangswertproblems** ist folgende: Ausgehend vom Anfangswert $X_o = X(o)$ werden die Werte für X_n ($n = 1, \ldots, n$) zu den Zeitpunkten $t_1, \ldots, t_n = t_e$ mittels der Näherung

$$X_{n+1} = X_n + \Delta X_n$$

$$(4.3-6)$$

errechnet.

Ein numerisches Verfahren zur Integration gewöhnlicher Zustandsdifferentialgleichungen (ODE = **Ordinary Differential Equations**) heißt **Einschrittverfahren**, wenn die Näherung X_{n+1} an der Stelle t_{n+1} des diskretisierten Integrations-intervalles vollständig aus dem vorherigen Ergebnis $X_n; t_n$ und dem **Inkrement** $\Delta t = t_{n+1} - t_n$ berechnet werden kann. Das **Inkrement** entspricht der **Schrittweite**. Der Einfachheit halber sei zur Erklärung die **Schrittweite**

$$\Delta t = t_{n+1} - t_n = \frac{t_n - t_o}{n}$$

$$(4.3-7)$$

als konstant angenommen. Sehr häufig verwendet man bei der numerischen Integration jedoch Integrationsverfahren mit **automatischer Schrittweitensteuerung,** wobei die intern verwendete Schrittweite von der vorgegebenen **Fehlerschranke** abhängt.

Zur Errechnung des Zuwachses von ΔX_i können verschiedene Methoden angewendet werden. Wir wollen nachfolgend exemplarisch auf das am weitesten verbreitete Verfahren 4. Ordnung nach **Runge-Kutta-Merson** eingehen. Dazu gehen wir von der errechneten Näherung X_n, t_n unter der Steigung $\dot{X}_n = f(X_n t_n)$ einen halben Schritt vorwärts und berechnen an der Stelle $t_{n+1/2}$ die Steigung

$$\dot{X}^1_{n+1/2} = f(X^1_{n+1/2}, t_{n+1/2})$$

aus

$$X_{n+1/2} = X_n + \frac{\Delta t}{2} \dot{X}_n \; .$$

Im nächsten Schritt wird, ausgehend von der Näherung x_n, t_n, unter der Steigung $\dot{X}_{n+1/2} = f(X^1_{n+1/2}, t_{n+1/2})$ für einen halben Schritt vorwärts die Steigung

$$\dot{X}^2_{n+1/2} = f(X^2_{n+1/2}, t_{n+1/2})$$

aus

$$X^2_{n+1/2} = X_n + \frac{\Delta t}{2} \dot{X}_{n+1/2}$$

errechnet. Unter der Steigung $\dot{X}^2_{n+1/2} = f(X_{n+1/2}, t_{n+1/2})$ wiederholt man die Berechnung, wobei jetzt ein ganzer Schritt vorwärts gegangen wird, und erhält

$$X^3_{n+1} = X_n + \frac{\Delta t}{2} \dot{X}^2_{n+1/2} \; .$$

Aus den drei auf diese Weise bestimmten Näherungen wird die endgültige Näherungslösung für einen ganzen Schritt vorwärts errechnet, wobei die Steigung das gewichtete Mittel der vorangehend ermittelten Steigungen ist, wie folgt:

$$\dot{X}_{n+1} = \dot{X}_n + \Delta_t (a_1 \dot{X}_n + a_2 \dot{X}^1_{n+1/2} + a_3 \dot{X}^2_{n+1/2} + a_4 \dot{X}^3_{n+1})$$

$$(4.3-8)$$

Die **Gewichtsfaktoren** a_i $(i = 1, \ldots, 4)$ in Gleichung (4.3-8) sind so zu wählen, daß X_{n+1} mit der Entwicklung in eine **Taylor-Reihe** zur Lösung der gegebenen Zustandsdifferentialgleichung X(t) an der Stelle t_n des diskretisierten Integrationsintervalls bis zu den Gliedern 4. Ordnung übereinstimmt.

Die **Taylor-Reihen-Entwicklung** lautet allgemein

$$X_{n+1} = X_n + \frac{\Delta t}{1!}^1 X_n + \frac{\Delta t}{2!}^2 X_n + \frac{\Delta t}{3!}^3 X_n + \ldots$$

$$+ \frac{\Delta t^m}{m!} X^{(m)} + \Delta t^{(m+1)} R$$

$$(4.3-9)$$

wobei R das **Restglied** ist.

Die funktionelle Abhängigkeit der Näherungslösung X_{n+1} von X_n, t_n und Δt lautet

$$X_{n+1} = X_n + \Delta t \, v (X_n, t_n, \Delta t)$$

mit v als **Inkrementfunktion**, die vom Typ der vorliegenden Zustandsdifferentialgleichung abhängt. Für v kann man nach [HOF 75] setzen:

$$v (X_n, t_n, \Delta t) = \sum_{i=1}^{m} a_i \cdot k_i$$

$$(4.3-10)$$

mit

$$k_i = f (X_n + \Delta t \sum_{j=1}^{i-1} \beta_{ij} \cdot k_{ij}, t_{n+di}, \Delta t)$$

$$(4.3-11)$$

Die Koeffizienten a_i, α_i, ßij ($i = 1, \ldots, n-1$) in Gleichung (4.3-9) und (4.3-10) sind unbekannt. Der Ansatz nach Gleichung (4.3-9) und (4.3-10) wird demzufolge in eine **Taylor-Reihe** entwickelt und durch Vergleich mit den entsprechenden Reihengliedern in Gleichung (4.3-9) die Koeffizienten a_i, α_i und ßij bestimmt. Die Größe m kennzeichnet die Ordnung des jeweiligen numerischen Verfahrens zur Integration von Differentialgleichungen. Sie gibt an [HOF 75], bis zu welcher Ableitung die **Inkrementfunktion** v mit der **Taylor-Reihe** in Gleichung (4.3-9) übereinstimmt. Je größer m ist, desto genauer ist das numerische Verfahren, da der **Abbruchfehler** von der Ordnung $0 \ (\Delta t^{(m+1)})$ ist. Üblich sind Werte von $m = 1, 2, 3$ und 4.

Beim **Runge-Kutta-Merson-Verfahren** wird darüber hinaus das **Inkrement** Δt vor jedem diskreten Integrationsschritt überprüft, indem man den auftretenden **Abbruchfehler** mit einer vorgegebenen **Genauigkeitsschranke** $\varepsilon < 0$ vergleicht. Dabei wird zunächst ein Inkrement Δt angesetzt und ein Integrationsschritt durchgeführt und hierfür die **Fehlerfunktion** e berechnet. Ist $|e| > \varepsilon$, so wird der Integrationsschritt mit der halben Schrittweite wiederholt. Ist $|e| < \varepsilon$ für alle $i=1, \ldots, n$, dann wird der darauffolgende Integrationsschritt mit der doppelten Schrittweite durchgeführt.

Die Wahl der **Schrittweite** ist von wesentlichem Einfluß auf die **Genauigkeit**, mit der das numerische **Integrationsverfahren** die Lösung des Zustandsdifferentialgleichungssystems, sowie bestimmend für die **Simulationszeitdauer**. Zwischen beiden muß ein Kompromiß gesucht werden.

Eine groß gewählte **Schrittweite** ergibt zwar eine kurze Simulationszeitdauer, der **Abbruchfehler** ist dabei relativ groß, weshalb das System **numerisch instabil** werden kann. Eine sehr klein gewählte Schrittweite erhöht primär die Rechenzeit für den Simulationslauf, ohne die Genauigkeit wesentlich zu verbessern. Der **Gesamtfehler** kann sogar größer werden, da bei jedem Rechenschritt durch die endliche Auflösung des Digitalrechners die Zahlen nach endlich vielen Stellen gerundet werden, womit **Rundungsfehler p** entstehen, deren Aufsummierung als Folge vieler Einzelschritte bei kleiner **Schrittweite** den **Gesamtfehler** oder **globalen Fehler** δ erhöht. Grundsätzlich entstehen somit bei jedem numerischen Integrationsschritt gegenüber der exakten Lösung Fehler. Man nennt diesen, von der Schrittweite Δt abhängigen Fehler **Abbruchfehler** oder **lokalen Fehler** e (Δt), für den gilt

$$e_n \, (\Delta t) = | X \, (t_{n+1}) - X \, (t_n) - \Delta t \, f \, (t_n, \, X \, (t_n)) |$$

$$(4.3-12)$$

$$e \, (\Delta t) = \max_{0 \, \leq \, n \, \leq \, w} \, e_n \, (\Delta t)$$

$$(4.3-13)$$

Für den **Rundungsfehler** P kann man setzen [NÖL 88]

$$P = \frac{10^{-d}}{2} \sqrt{\frac{1}{12}}$$

$$(4.3-14)$$

Bei **echter Rundung** und einer **internen Genauigkeit** von d dezimalen Stellen (beim IBM-PC ist bei doppelter Genauigkeit d = 16), wird der **Rundungsfehler pro Rechenschritt** [NÖL 88]

$$P_n = 0.5 \cdot 10^{-d}$$

Wenn der Rechner nicht echt rundet, sondern die Zahlendarstellung abschneidet, wird der Rundungsfehler [NÖL 88]

$$P = 10^{-d} \, l$$

betragen, mit $l \sim m \cdot n$, wobei m die Ordnung des Verfahrens ist.

Für den **globalen Fehler** δ erhält man [NÖL 88]

$$\delta_n\ (\Delta t)\ =\ e_n\ (\Delta t)\ +\ P_n$$

$$(4.3\text{-}15)$$

$$\delta\ (\Delta t)\ =\ \max\ \delta_n\ (\Delta t)$$

$$(4.3\text{-}16)$$

$$O\ =\ \leq\ n\ <\ w$$

Wie bereits oben diskutiert, ist für eine bestimmte Schrittweite der **Gesamtfehler** (**globaler Fehler**) minimal, da der
Abbruchfehler (**lokaler Fehler**) mit der Schrittweite abnimmt, aber der **Rundungsfehler** mit der Anzahl der Schritte
steigt, was Bild 4.6 zeigt.

Mittels **Taylor-Reihen-Entwicklung** kann der **Abbruchfehler**
(**lokaler Fehler**) in Gleichung (4.3-12) abgeschätzt werden.

$$e_n\ (\Delta t)\ =\ \big|\ X\ (t_{n+1})\ -\ X\ (t_n)$$
$$-\ \Delta t\ \cdot\ f\ (t_n,\ X(t_n))\ \big|$$

$$=\ \bigg|\ X\ (t_n + \Delta t\ X\ (t_n) + \frac{\Delta t}{2}^2\ \ddot{X}\ (t_n)\ \ +\ ...$$
$$-\ X\ (t_n)\ -\ \Delta t\ \cdot\ f\ (t_n,\ X\ (t_n))\ \bigg|$$

$$(4.3\text{-}17)$$

$$=\ \bigg|\ \frac{\Delta t}{2}\ \cdot\ \ddot{X}\ (t_n)\ +\ ...\ \ \bigg|$$

$$=\ 0\ (\Delta t^2)$$

Dabei bedeutet das **Landausche Symbol** 0 für eine reellwertige
Funktion g [NÖL 88]

$$g\ (X)\ =\ 0\ (f\ (X))\ \ <\!\!==\!\!>\ \ \exists_c\ \ \varepsilon\ \ \mathbb{R}\ :\ \forall\ x\ :\ g\ (x)\ \leq\ c\ f\ (X)$$

Wenn der **Abbruchfehler** (**lokaler Fehler**) $0\ (\Delta t^{m+1})$ ist, mit
$m > 0$, so heißt das Verfahren **konsistent** und m die Ordnung
des Verfahrens.

150

Der **Gesamtfehler (globaler Fehler)** kann analog abgeschätzt werden. Im Falle eines **Polygonzugverfahrens** gilt

$$\delta \ (\Delta t) = 0 \ (\Delta t).$$

Damit konvergiert die Näherungslösung mit $\Delta t \rightarrow 0$ linear gegen die exakte Lösung.

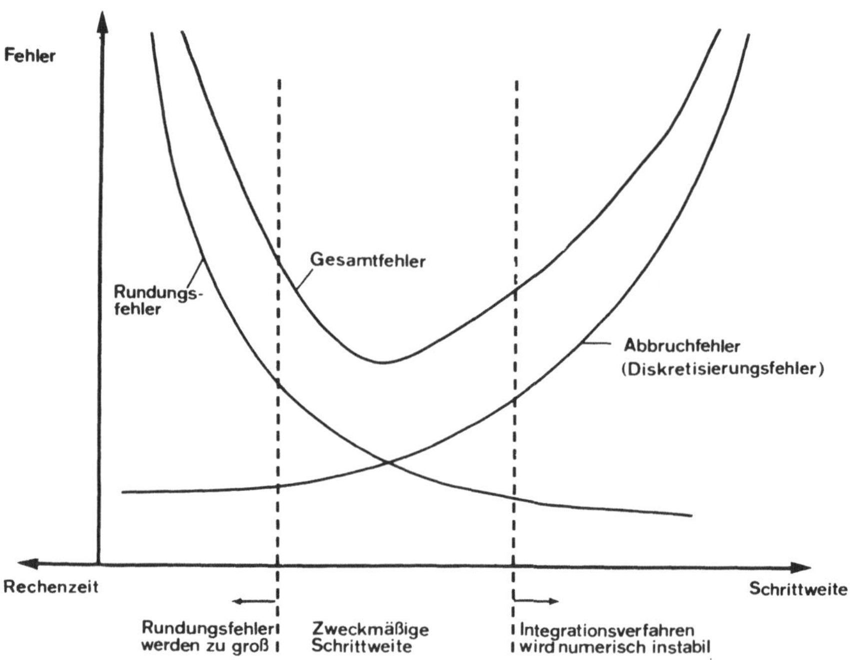

Bild 4.6: Einfluß der Schrittweite auf die Fehler des Simulationsergebnisses

4.3.5 Stabilität und steife Systeme

Bei der Lösung von **Anfangswertproblemen** kommt es vor, daß ein anfänglich geringer Fehler (z. B. Rundungsfehler) sich mit der Zeit aufschaukelt, so daß der Nährungswert letztendlich sehr stark vom exakten Wert abweicht, und das, obgleich ein numerisches Iterationsverfahren hoher **Konsistenzordnung** angewandt wurde. Tritt ein derartiges Verhalten auf, heißt das Integrationsverfahren **numerisch instabil.** Demgegenüber heißt ein Integrationsverfahren **numerisch stabil**, wenn der für einen Integrationsschritt akzeptable Fehler in den folgenden Schritten im Rahmen eines **Fehlerkriteriums** abnimmt bzw. nicht zunimmt [FIS 87].

Beispiel 16:

Die **lineare Differentialgleichung**

$$\dot{y}(t) = a \cdot y(t) \; ; \; a < o \tag{4.3-18}$$

soll mittels **Eulerschem Polygonzugverfahren** gelöst werden. Dann gilt

$$y_{i+1} = y_i + \Delta ta \, y_i = y_i(1 + \Delta ta)$$

Mittels **Induktion** erhält man

$$y_n = y_o \, (1 + \Delta ta)^n = y_o \, (1 + \frac{t_n - t_o}{n} \cdot a)^n$$

wobei vorausgesetzt wird, daß die **Schrittweite**

$$\Delta t = \frac{t_n - t_o}{n}$$

konstant ist. Die exakte Lösung von Gleichung (4.3-18) lautet

$$y(t) = c \cdot e^{at}$$

Es gilt [FIS 87]

$$\lim_{n \to \infty} (y_o \, (1 + \frac{(t_n - t_o) \cdot a}{n})^n) = y_o e^{(t_n - t_o)a}$$

$$= \frac{y_0}{e^{t_0 a}} \cdot e^{t_n a}$$

$$= c \cdot e^{t_n a} = y\,(t_n)$$

Für $a < 0$ ist e^{at} eine streng **monoton fallende Funktion**, wobei $(1 + \Delta t a)^n$, $n = 1,\ldots,k$, aber nur dann fällt, wenn $\mid 1 + \Delta t a \mid\, < 1$ ist, d.h. $\Delta t <\, \mid 2/a \mid$; andernfalls steigt die Folge. Damit ist das **Eulersche Polygonzugverfahren** nur für $\Delta t <\, \mid 2/a \mid$ **stabil**.

Läßt man für a auch **komplexe Zahlen** zu, dann heißt ein numerisches Integrationsverfahren **A-stabil**, wenn es für alle Schrittweiten Δt mit $Re\,(\Delta t a) < 0$ **stabil** ist.

Die Menge der $\Delta t a$, bezüglich der ein Verfahren stabil ist, heißt **Stabilitätsbereich**. Somit umfaßt der Stabilitätsbereich der A-stabilen Verfahren die gesamte linke Hälfte der komplexen Ebene.

Die Vektordifferentialgleichung

$$\underline{\dot{Y}}(t) = \underline{A}\,\underline{Y}(t) \tag{4.3-19}$$

besteht aus der komplexen Matrix A und der vektorwertigen Funktion $\underline{Y}$. Die Lösung des **Anfangswertproblems** nach Gleichung (4.3-19) ist nicht mehr trivial, wenn sich die minimalen und maximalen **Eigenwerte** der A-Matrix um einen großen Faktor unterscheiden (z.B. 100). Man nennt ein solches Differentialgleichungssystem ein **steifes System**.

Beispiel 17:

Gegeben ist die Differentialgleichung

$$\ddot{y}(t) + 101\dot{y}(t) + 100y(t) = 0 \qquad\qquad (4.3\text{-}20)$$

Setzt man

$$\underline{Y} = \begin{pmatrix} \dot{Y} \\ Y \end{pmatrix}$$

$$A = \begin{pmatrix} -101 & -100 \\ 1 & 0 \end{pmatrix}$$

so erhält man

$$\dot{\underline{Y}}(t) = \begin{pmatrix} \ddot{y}(t) \\ \dot{y}(t) \end{pmatrix}$$

und damit

$$A \cdot \underline{Y}(t) = \begin{pmatrix} -101\dot{y}(t) & -100y(t) \\ \dot{y}(t) & \end{pmatrix}$$

Die **Eigenwerte** der -100 und -1 der Matrix A erhalten wir als
Lösungen der Gleichung

$$\det (A - \lambda I) = 0$$

Damit ist

$$y(t) = e^{-100t} + e^{-t}$$

eine Lösung von Gleichung (4.3-20). Diese Lösung besteht aus
einer sogenannten **"langsamen"** Komponente e^{-t} und einer sogenannten **"schnellen"** Komponente e^{-100t}. Setzen wir nun t =
1.0, dann erkennt man wegen $e^{-t} \simeq 0{,}37$ und $e^{-100t} \simeq$

$3{,}72 \cdot 10^{-44}$, daß die **schnelle Komponente** praktisch keinen Anteil an der Lösung hat. Wendet man nun ein nicht A-stabiles Integrationsverfahren an, muß man die Schrittweite an die schnelle Komponente anpassen. Im obigen Beispiel müßte $\Delta t <$ 0,02 sein, da sonst die schnelle Komponente nicht abklingen würde [FIS 87].

Praktisch kann es vorkommen, daß die extrem kleinen Schrittweiten erstens das Integrationsverfahren unnötig verlangsamen und zweitens der **Rundungsfehler** zunimmt. Bei **steifen Systemen** ist es somit zweckmäßig, **A-stabile Integrationsverfahren** zu verwenden.

4.4 Simulationswerkzeuge für diskrete Systeme

Ein System heißt nach Definition 6 **diskret** in der Zeit, wenn sein Zustandsmodell $\underline{X}$ nur zu **diskreten Zeitpunkten** t_k durch den Eingangsvektor $\underline{U}$ **steuerbar** und durch den Ausgangsvektor $\underline{Y}$ **beobachtbar** ist.

Bei der Simulation zeitdiskreter Systeme schreitet die Zeit t in endlich großen Zeitquanten Δt voran. Der Zustandsvektor per se kann jedoch jeden beliebigen Wert annehmen, ist also nicht nur zu den diskreten Zeitpunkten t_k (Δt) existent. Die geeignete Beschreibungsmethode für diskrete dynamische Systeme ist durch **Differenzengleichungen** gegeben, was bereits in Abschnitt 2.7 dargestellt wurde.

Simulationstechnisch werden zur Simulation diskreter Systeme die gleichen Beschreibungselemente benötigt wie zur Simulation kontinuierlicher Systeme. Es existieren hierfür auch Simulationssprachen, was bereits Abschnitt 4.3.2 zeigte.

Ein simulationstechnisch interessanter Typ ist die Mischung von kontinuierlicher und diskreter Simulation, wie er bei der Simulation einer kontinuierlichen Regelstrecke auftritt, die durch Differentialgleichungen beschrieben werden kann. Erfolgt die Regelung auf einem **Prozeßrechner**, wird das Differentialgleichungssystem durch Differenzengleichungen abgebildet. Man spricht in diesem Fall von einer **Abtastregelung** (Abtast-simulation) - vgl. Abschnitt 1.3.2.2 - .

Zeitdiskrete Systeme und ihre Modelle liegen vor im Bereich der **Netzwerksimulation,** der **ereignisorientierten Simula-tion,** der **Verwaltung** von **Listen** und **Tabellen** ereignis-orientierter Prozesse oder **Warteschlangen.**

Betrachten wir zunächst die **Netzwerksimulation.** In einem Netzwerk gibt es **Quellen,** wo Ströme (bzw. Transaktionen) erzeugt werden können. Das erfolgt in einem sogenannten **Create-Knoten:**

$$CREATE, \ TAB, \ TF, \ MA, \ MB, \ M$$

Hierbei wird die erste Transaktion zum Zeitpunkt TF erzeugt. Danach erfolgt jeweils eine Transaktion alle Zeileneinheiten TAB, die allerdings immer angebbar sein muß. Es kann sich bei TAB auch um eine Zufallsgröße handeln. Betrachten wir nachfolgend die Transaktion etwas genauer. **Transaktionen** sind Einheiten, die dynamisch erzeugt und wieder gelöscht werden. Diese Einheiten können auch individuelle Eigenschaften aufweisen. Sie werden in einem Vektor ATRIB (.) abgelegt. Befinden sich zur gleichen Zeit mehrere Transaktionen im Prozeßgeschehen, hat jede einzelne davon ihr eigenes ATRIB (.). Es handelt sich dabei typmäßig um **dynamische Records** - im Sinne von **PASCAL** -, wobei die Attribute den Elementen des Records entsprechen. Aufgabe der **Modellbildung** ist es, fest-zulegen wieviele Transaktionen ein Record besitzt. Beim **Create-Knoten** hat der Modellierer außerdem die Möglichkeit, mit dem Argument MA eine **Markierung** seiner Transaktion dergestalt vorzunehmen, daß die **Ankunftzeit der Transaktion** als MA-tes Attribut automatisch abgespeichert wird. Dies dient primär dazu, Statistiken über die Verweilzeiten von Transaktionen im System ermitteln zu können.

Zweige kennzeichnen bei der Netzwerksimulation Aktivitäten:

ACTIVITY (N) / A, DUR, PROB

Eine Aktivität ist durch mehrere Kenngrößen gekennzeichnet. Eine Kenngröße bezeichnet z.B. die Dauer der Aktivität DUR. Diese kann z.B. normalverteilt sein, mit dem Mittelwert X und der Standardabweichung Y.

ACTIVITY, RNORM (X,Y)

Das letzte Argument einer Aktivität ist eine Sprungadresse. Transaktionen können somit in Aktivitäten umdirigiert werden, z.B. eine Transaktion, welche einen diesbezüglichen Zweig betritt, wird unverzüglich zum Knoten mit dem Namen XYZ umgeleitet. Fehlt dieses Argument, wird als Zielknoten der nächste beschriebene Knoten ausgewählt. Manchmal repräsentieren Aktivitäten auch "Servers". Ist deren Kapazität beschränkt, müssen Transaktionen in einer Warteschlange darauf warten, bis sie an der Reihe sind.

Die Warteschlange wird im Modell aus Knoten abgebildet:

QUEUE (TFN), TQ, QC

Dabei bezeichnet TFN die Nummer der Warteschlange, in welcher Transaktionen zu warten haben, TQ bezeichnet die Transaktionsanzahl, die zum Zeitpunkt 0.0 im Modell bereits vorhanden sind (Anfangsbedingung), während QC es erlaubt, eine Kapazitätsbeschränkung vorzusehen.

Die Eigenschaften der Transaktionen werden diesen durch den Assign-Knoten zugewiesen:

ASSIGN, VAR=VALUE, ..., M

Weiterhin ist es möglich **Ressourcen** zu deklarieren. Ein vollständiges **Netzwerk** in **SLAM** ist folgendes

```
NETWORK;
RESOURCE / JIM (1), 10;
CREATE, 10., 7., ..., 1;
   ACTIVITY, 3.;
AWAIT (10), JIM, 1;
   ACTIVITY / 3, 9.;
FREE, JIM, 1;
TERMINATE, 100;
ENDNETWORK
```

In dieser Darstellung wurde die Warteschlange mit ihrer Service-Aktivität durch eine Ressource der Kapazität 1 ersetzt.

Eintragungen in Warteschlangen werden nach wählbaren Regeln geordnet. Diese sind

FIFO (first-in-first-out)
LIFO (last-in-first-out)
HVF (high-value-first, angewandt auf die Eigenschaft (.))
LVF (low-value-first, angewndt auf die Eigenschaft (.)).

Die Ordnungsregel **(Ranking)** ist fester Bestandteil einer jeden vom System verwalteten Warteschlange.

Beispiel 18:

Wir betrachten ein **Grundmodell** der **Warteschlangentheorie**, wonach eine einfache **Warteschlange** aus einer **Bedienungs- station** und einem zugehörigen **Warteraum** besteht. Die eigent- lichen Warteschlagen sind die im Warteraum anwesenden **Kunden**, Warteraum und Bedienungsstation werden als **Wartesystem** be- zeichnet. In unsem Modell ist eine Station K vorhanden, die Kasse der Tankstelle eines Supermarktes, mit exponentiell verteilten Ankunfts- und Bedienungszeiten. Für die **Ankunfts-** **zeiten** gilt damit

158

$$f(t_a) = \lambda - e^{-\lambda t_a}$$

Der **Mittelwert** ist

$$\overline{t_a} = 1 / \lambda$$

Die **Ankünfte** werden durch die **Poisson Verteilung** beschrieben

$$P_n(t) = \frac{(\lambda t)^n}{n!} e^{-\lambda t}$$

mit der mittleren **Ankunftsfrequenz** λ.

Für die **Bedienungszeiten** setzen wir analog an

$$f(t_b) = \eta \, e^{-\eta t_b}$$

mit

$$\overline{t_b} = 1 / \eta$$

Ist K die **Verkehrsdichte** mit $K = \lambda / \eta$ und **FIFO** die Diszi- plin der Warteschlange, dann gilt hier für die **mittlere Schlangenlänge**

$$\overline{l_s} = \frac{K^2}{1 - K}$$

und für die mittlere Zahl der Elemente im System

$$\overline{e} = \frac{K}{1 - K}$$

Die mittlere **Wartezeit** $\bar{t}_W$ ist dann

$$\bar{t}_W = \frac{K}{\eta(1-K)}$$

Unter den gegebenen Voraussetzungen wächst die **mittlere Schlangenlänge** ls oberhalb einer **Verkehrsdichte** K > 0,7 sehr stark an. Es existiert damit eine gewisse Grenze bezüglich der Auslastung des Bedienpersonals an der Kasse, wenn ein gewisser Bedienungskomfort für den Kunden gewährleistet bleiben soll.

4.5 Simulation kontinuierlicher Systeme

4.5.1 Simulation eines Behältersystems

Sollen an einem technischen System quantitative Untersuchungen vorgenommen werden, z. B. eine Rechnersimulation durchführt oder theoretische Syntheseansätze erprobt werden, wird ein **mathematisches Modell des realen Systems** benötigt. Da im Regelfall das zeitliche Verhalten des Systems von Interesse ist, wird es durch einen Satz gewöhnlicher Differentialgleichungen nachgebildet, die nach Möglichkeit aus den physikalischen Gesetzen abgeleitet werden, die den Zeitvorgängen des realen Systems zugrunde liegen. Häufig erfolgt die Ableitung der Differentialgleichungen mit Hilfe von **Bilanzgleichungen der Form**

$$\dot{M} = M_Z - M_A \qquad (4.5-1)$$

Hierin ist M(t) eine **Erhaltungsgröße**, z. B. Masse oder Energie, $\dot{M}(t)$ ist deren zeitliche Änderung innerhalb eines Kontrollraumes, M_Z ist der Zufluß und M_A der Abfluß der Erhaltungsgröße pro Zeiteinheit. Die Gültigkeit von Gleichung (4.5-1) ist evident. Während des infinitesimalen Zeitintervalls dt ist die Änderung der Erhaltungsgröße dM, der Zufluß gleich $M_Z$dt, der Abfluß gleich $M_A$dt. Damit gilt

$$dM = M_Z dt - M_A dt \qquad\qquad (4.5-2)$$

Dividiert man Gleichung (4.5-2) durch dt, erhält man Gleichung (4.5-1).

Beispiel 19:

Gegeben ist ein zylindrischer **Wasserbehälter** mit der Querschnittfläche $A[m^2]$ und der Wasserhöhe $H[m]$, mit kontinuierlichem Zu- und Abfluß, was Bild 4.7 zeigt.

Die Änderung der im Behälter befindlichen Flüssigkeitsmenge ist durch Gleichung (4.5-1) gegeben wie folgt:

$$\dot{M}(t) = M_Z - M_A \qquad\qquad (4.5-3)$$

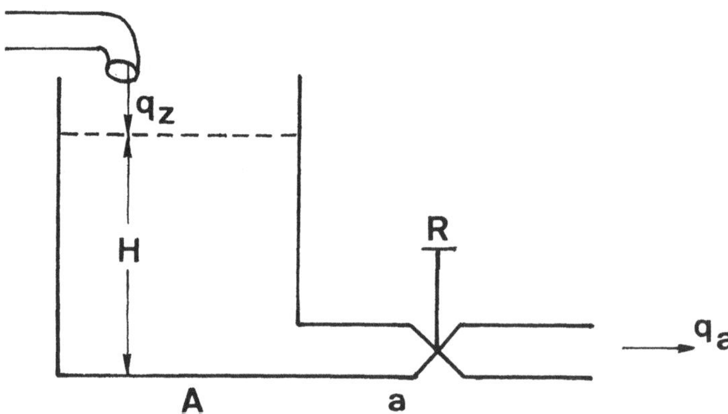

Bild 4.7: Behältersystem

Man kann Gleichung (4.5-3) umschreiben, indem man anstelle der Masse das **Volumen** einführt. Ist p die Dichte der Flüssigkeit, dann ist

$$M = p \cdot V,$$

$$M_Z = p \cdot q_Z,$$

und

$$M_A = p \cdot q_A$$

wobei V das im Behälter befindliche Volumen ist und q_Z bzw. q_A das pro Zeiteinheit zu- bzw. abfließende Volumen.

Damit erhält man für das im Behälter befindliche Flüssigkeitsvolumen aus Gleichung (4.5-3)

$$\dot{V} = q_Z - q_A \qquad (4.5-4)$$

Mit V(t) = A . H(t) folgt durch Differentation nach t

$$\dot{V} = A \cdot \dot{H} \qquad (4.5-5)$$

Setzt man Gleichung (4.5-5) in Gleichung (4.5-4) ein, erhält man

$$A \cdot \dot{H} = q_Z - q_A \qquad (4.5-6)$$

In der Differentialgleichung (4.5-6) kommen drei zeitabhängige Größen vor: H(t), q_Z(t) und q_A(t), wobei der Abfluß q_A(t) von der Füllstandshöhe H(t) abhängig ist. Die Geschwindigkeit V der abfließenden Flüssigkeit erhält man aus der **Bernoulli-Gleichung**

$$V = \sqrt{2gH}$$

mit g als **Erdbeschleunigung** und mit der Querschnittsfläche a des Abflußrohres zu

$$q_a = a \cdot v = a \cdot \sqrt{2gH} \qquad (4.5-7)$$

162

Durch Einsetzen von Gleichung (4.5-7) in Gleichung (4.5-6) erhält man die das dynamische System beschreibende Differentialgleichung

$$\dot{H} = -\frac{a}{A}\sqrt{2gH} + \frac{1}{A}q_Z \qquad (4.5-8)$$

In Gleichung (4.5-8) ist $q_Z(t)$ die Eingangsgröße des Systems, d. h. eine Größe, welche das dynamische System beeinflußt, selbst vom System jedoch nicht beeinflußt wird. Die Ausgangsgröße des dynamischen Systems kann sowohl der Füllstand $H(t)$ als auch der Abfluß $q_A(t)$ sein. Welche der beiden Ausgangsgröße ist, hängt von der Zielsetzung der Systemanwendung ab, d.h von dem Zweck, den das dynamische System erfüllen soll.

Das durch Bild 4.7 bzw. Gleichung (4.5-8) beschriebene System läßt sich direkt in regelungstechnischer Notation angeben, was Bild 4.8 zeigt.

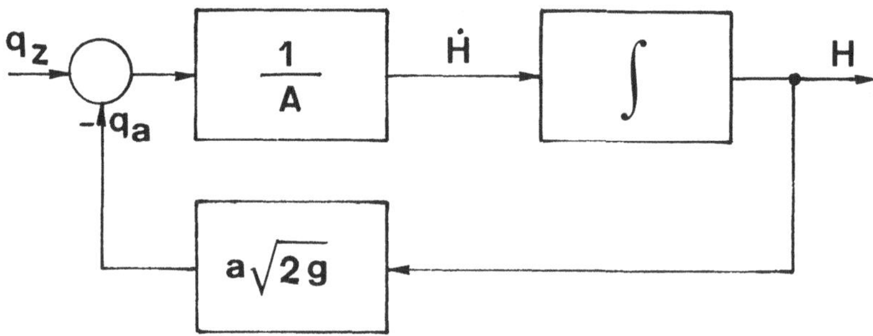

Bild 4.8: Blockschaltbild des Behältersystems

In Bild 4.9 ist das Ergebnis der Simulation des Behältersystems nach Bild 4.7 bzw. 4.8 dargestellt.

Aus Bild 4.9 kann man direkt schlußfolgern, daß sich für verschiedene Füllstände $H(t_o)$ bei gleicher Eingangsgröße $q_Z(t)$ verschiedene Ausgangsverläufe $q_A(t)$ ergeben.

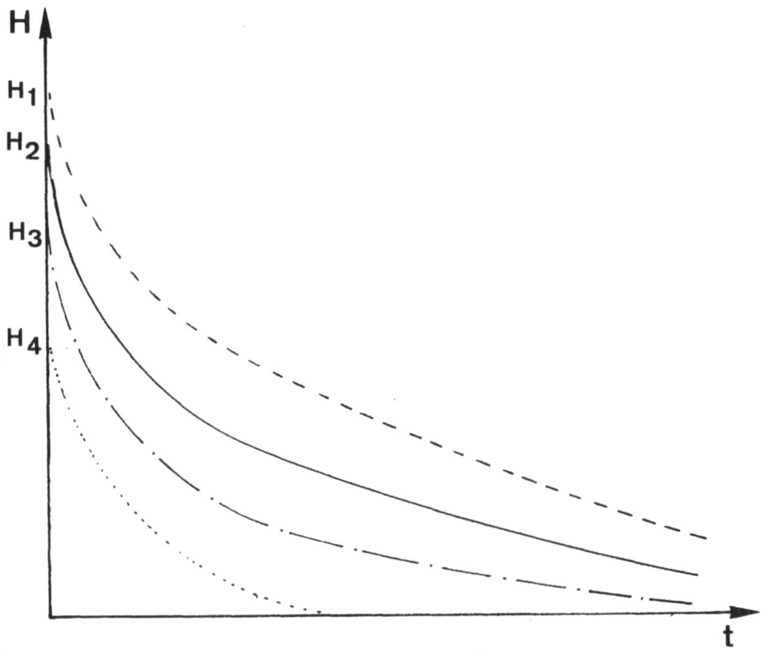

Bild 4.9: Simulationsergebnis für das Behältersystem

Bezogen auf die Differentialgleichung 1. Ordnung in (4.5-8) heißt das, daß sie unendlich viele Lösungen hat. Eine **eindeutige Lösung** erhält man erst dadurch, daß man dem System einen **Anfangswert** vorgibt, von dem die Lösung ausgehen soll.

4.5.2 Simulation zur Biomechanik

Die Aufgabe, den menschlichen **Bewegungsapparat** durch eine **Prothese** zu ersetzen, die dem menschlichen Original in Funktion und Leistung möglichst nahe kommt, ist bezogen auf dessen **Freiheitsgrade**, die z.B. beim Arm mit > 50 anzusetzen sind, äußerst komplex. Bereits die menschliche Hand, als biomechanischem Beispiel eines Bewegungsapparates, verfügt über 22 Freiheitsgrade und kann in den Handgelenken 6 unabhängige **Bewegungsabläufe** vollziehen. Darüber hinaus verfügt sie über komplexe **Sensorsysteme** für statische und dynamische Messungen [HAR 84].

Betrachtet man demgegenüber das Gebiet der **industriellen Handhabungssysteme**, dann sind **Roboter** vorhanden, die bereits komplizierte Arbeitsgänge verrichten können. Aufgabe des Roboters ist es dabei, Punkte in seinem Arbeitsraum mit einer bestimmten Orientierung des **Effektors** (Greifer, Werkzeug) möglichst genau anzufahren.

Zum Positionieren reichen im Regelfall drei translatorische bzw. rotatorische Hauptachsen als Roboterarm aus. Zusätzlich ist zum Orientieren ein Handgelenk mit bis zu drei translatorischen bzw. rotatorischen Nebenachsen notwendig.

Die Beweglichkeit eines Roboters ist an die des menschlichen Armes angelehnt, um analoge Operationen wie die menschliche Hand ausführen zu können. In Bild 4.10 sind die Freiheitsgrade des menschlichen Armes und die entsprechenden eines Roboters dargestellt.

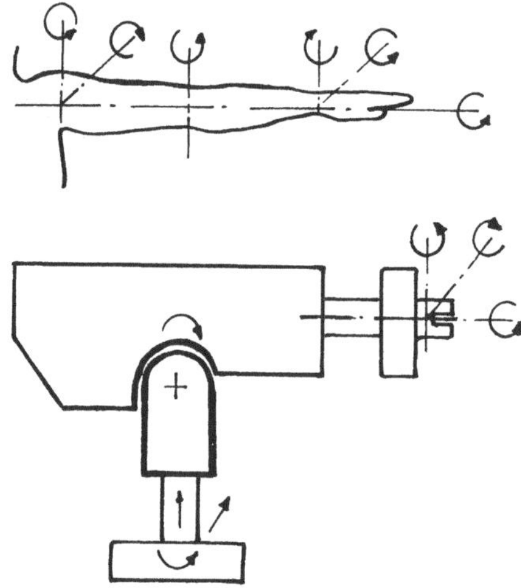

Bild 4.10: Freiheitsgrade von menschlichem Arm und Handhabungssystem (Roboter)

Betrachtet man in diesem Zusammenhang die Bewegungsabläufe in Bild 4.10, dann ist sofort ersichtlich, daß zum **Greifen** eines Objektes im Raum sechs Freiheitsgrade für die **Positionierung** des Armes und drei für die **Orientierung** der Hand notwendig sind. Roboter können jedoch weitere redundante Freiheitsgrade besitzen wie z.B. zum Umgreifen von Hindernissen. In Abhängigkeit ihrer Applikation weisen Handhabungssysteme (Roboter) heute drei bis sechs und in Extremfällen bis zu zwölf Freiheitsgraden auf.

Aus dieser Betrachtung heraus erscheint es sinnvoll, aus dynamischen Modellen der Robotik gewonnene Erkenntnisse mit dynamischen Modellen zur Biomechanik des menschlichen Bewegungsapparates zu verknüpfen. Dazu können morphologisch begründete Subsysteme als funktionelle Einheiten abgeleitet werden, aus denen man dann multifunktionale Systemkonzepte zur Beschreibung von Bewegungsabläufen entwickelt.

Die Position eines ruhenden Körpers wird im dreidimensionalen Raum durch seinen Ortsvektor und seine Orientierung beschrieben. Ein freibeweglicher Körper besitzt demgegenüber 6 Freiheitsgrade. Seine Position ist durch Kombination rotatorischer und translatorischer Bewegungen beliebig. **Translation** und **Rotation** bilden die **kinematische Kette**, wobei die Verbindungen der Kettenglieder die Translations- und Rotationsgelenke darstellen. An den Kettengliedern treten Wechselwirkungen in Form von Kräften und Momenten auf. Für die **Momente** ergeben sich jedoch kompliziertere Algorithmen wie für die **Kräfte**, da sowohl Handhabungskräfte als auch Gewichtskräfte konfigurationsbedingte Momente erzeugen. Nur für den Fall langsamer Bewegung mit wenigen Freiheitsgraden lassen sich einfache Modelle entwickeln. Mit der Beschränkung, daß ein freibeweglicher Körper nicht in der Ebene arbeiten soll, ist eine Minimalkonfiguration zur Dynamik des Bewegungsablaufes auf der Basis von 3 Freiheitsgraden sinnvoll, die sich durch Kombination von Rotations- und Translationsbewegungen oder beiden aufbauen läßt. Grundkonfigurationen biomechanischer Manipulatoren mit 3 Freiheitsgraden zeigt Bild 4.11.

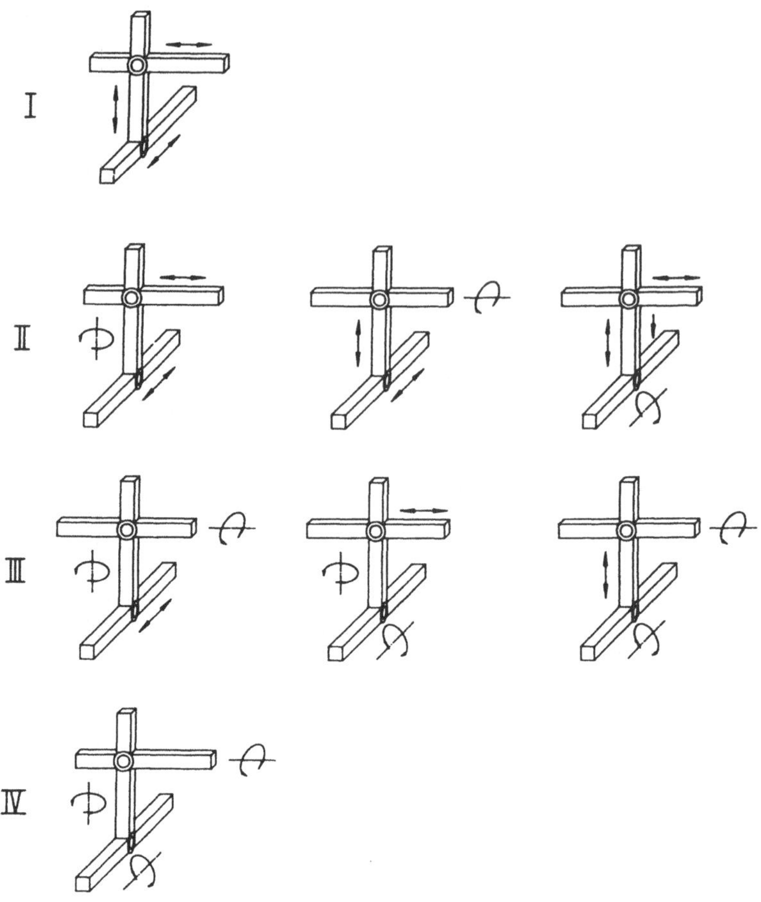

Bild 4.11: Grundkonfigurationen biomechanischer Manipulatoren
I : 3 Translationsachsen;
II : 2 Translationsachsen, 1 Rotationsachse;
III: 1 Translationsachse, 1 Rotationsachsen;
IV : 3 Rotationsachsen.

Basierend auf den Bewegungsformen Rotation und Translation sind zwei dynamische Massenwirkungen zu berücksichtigen: **Trägheitsmomente** und **Trägheitskräfte**. Die Bestimmung der durch die Massenträgheit entstehenden Momente beruht auf der sogenannten **Eulerschen Kreiselgleichung**, welche Aussagen über das Verhalten von Massepunkten in ungleichförmig rotierenden Koordinatensystemen ermöglicht.

Zur Bestimmung der Gelenkreaktionen werden die äußeren Belastungen und Trägheitswirkungen in einem Gelenkbelastungsvektor zusammengefaßt. Diese Belastungen müssen nun konstruktiven Kräften, wie z. B. Lager, Bolzen und weiteren, sowie den Antriebsparametern entgegenwirken. Die Berechnung der Gelenkreaktion selbst erfolgt im Regelfall vom letzten Getriebeglied, dem **Effektor**, ausgehend.

Beispiel 20

Um ein einfaches dynamisches Modell des menschlichen Bewegungsablaufes zu entwickeln, ist aus der Menge der zunächst unstrukturierten Ausgangsdaten, d. h. aus den möglichen Freiheitsgraden der verschiedenen Subsysteme, durch funktionale Dekompensation sowie durch Abstraktion unter bestimmten Gesichtspunkten und deren Abbildung auf eindeutig bestimmte Elemente einschließlich deren Attribute (Merkmale, Eigenschaften, Relationen) das **Strukturkonzept** des Modelles zu entwickeln, ein Ersatzsystem des realen biomechanischen Prozesses, welches im Grunde genommen ein abstraktes Modell ist. Den gedanklichen Prozeß, die relevanten Elemente, Beziehungen und Attribute des realen biomechanischen Prozesses durch ein abstraktes Modell darzustellen, haben wir 'Qualifikation' genannt. Die mathematische Operation der Qualifikation lautet:

$$\alpha = (X,\ B,\ O)$$

mit X als Satz der beobachtbaren Zustände, O als Beobachter und B als Beobachtungsoperator. Damit erhält man mit der **Transformation**

$$X \xrightarrow{\beta} O$$

was bedeutet, daß der empirische Satz X ein Modell in der Form des abstrakten Satzes O hat.

Zur Qualifikation eines anthropomorphen Bewegungsmodelles geht man von der topographischen Anatomie des Skelettaufbaus aus, als empirischen Satz X1, und transformiert diesen in das biomechanische Modell des Skelettaufbaus, welches durch den empirischen Satz X2 dargestellt wird. Die Anthropomorphismen des Bewegungsapparates sind damit:

$$X1 \overset{\alpha}{\longrightarrow} X2$$

In Abhängigkeit des Beobachtungsoperators kann eine Abschätzung der Freiheitsgrade für das Bewegungsmodell erfolgen. Bild 4.12 zeigt in vergleichender Darstellung Modelle des anthropomorphen Bewegungsablaufes nach [MOR 84].

Ein einfaches Modell des anthropomorphen Bewegungsablaufes erhält man, wenn man den komplexen Bewegungsvorgang in Subsysteme unterteilt. Dazu sind topographisch funktionelle Einheiten zu bilden, die den Funktionsvorrat beschreiben. Eine **funktionelle Einheit** in diesem Sinne ist damit definiert als ein System - oder Subsystem -, welches durch einen Funktions-vorrat beschrieben werden kann.

Ausgehend von dieser generellen Betrachtung ist der menschliche Bewegungsablauf in Subsysteme unterteilbar, die entsprechenden Funktionsvorräten zugeordnet sind. Tabelle 4.1 zeigt die Subsysteme und deren zugehörige Funktionen, wie sie für die Biomechanik des Bewegungsablaufes von Bedeutung sind.

Ausgehend von den in Tabelle 4.1 dargestellten Subsystemen und Funktionen kann nun ein einfaches Modell des menschlichen Bewegungsablaufes entwickelt werden, welches problembezogen strukturiert ist. Tabelle 1 ist aber auch für die Entwicklung von Prothesen von Bedeutung, da aus ihr direkt das Funktions-element eines künstlichen Bewegungsablaufes bzw. einer künstlichen Bewegungshilfe respektive -unterstützung abzuleiten ist.

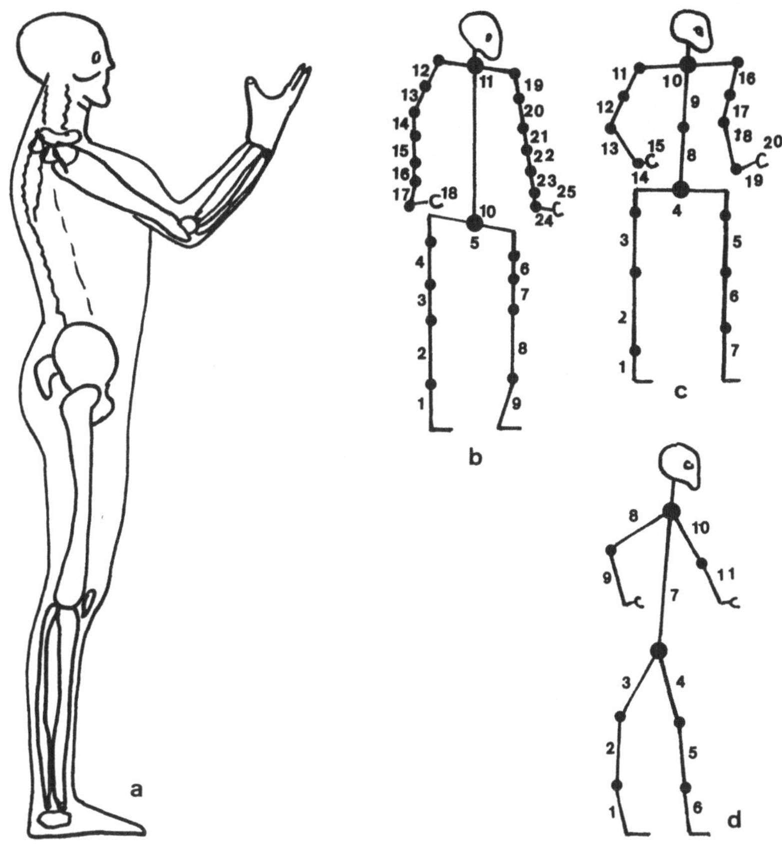

Bild 4.12: Möglichkeiten zur Vereinfachung eines topo-
grafischen Modelles des Skelettaufbaus a) auf ein
Modell mit 25, b) 20 bzw. 23 c) und 11 d) Freiheitsgraden

Im folgenden soll gedanklich ein einfaches Modell des
Bewegungsablaufes abgeleitet werden. So kann die Wirbelsäule
als ein System mit 2 Freiheitsgraden und die obere und untere
Extremität durch ein System mit 2 Freiheitsgraden, welches am
Schulter- bzw. Hüftgelenk gelagert ist, dargestellt werden. Auf

diese Weise erhält man ein einfaches Modell der strukturellen Biomechanik des menschlichen Bewegungsablaufes, welches bei nur 12 Freiheitsgraden die Bewegungsanalyse für Gehen und Laufen zuläßt, welches in Bild 4.13 dargestellt ist.

Tabelle 4.1

Subsystem	Funktion
Hüftgelenk (Articulatio coxae)	Extension, Flexion, Rotation, Kugelgelenk
Kniegelenk (Articulatio genus)	Extension, Flexion, Rotation, Drehgelenk
Knöchelgelenk (Articulationis pedes)	Extension, Flexion, Rotation
Schultergelenk (Articulatio humeri)	Extension, Flexion, Rotation, Kugelgelenk
Ellenbogengelenk (Articulatio cubiti)	Extension, Flexion, Rotation, Drehgelenk
Handgelenk (Articulatio radio carpea, Articulatio midio carpea)	Extension, Flexion, Rotation

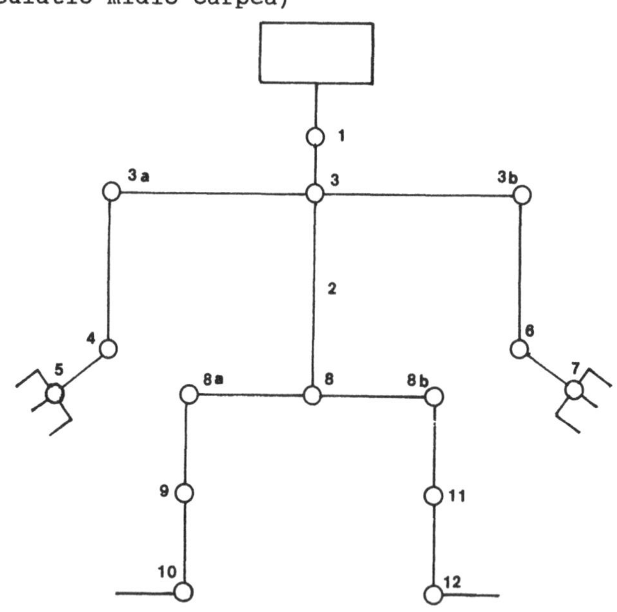

Bild 4.13: Strukturmodell zur Biomechanik des menschlichen Bewegungsablaufs

Beispiel 21

Zur Beschreibung des **anthropomorphen** Bewegungsablaufes des menschlichen Armes benötigt man einen Modellansatz mit 2 Freiheitsgraden, welcher auf dem Schulter-, dem Ellbogen- und dem Handgelenk basiert. Das entsprechende Modell zeigt Bild 4.14, wobei die Gelenke im hier betrachteten Beispiel als reibungsfrei angesehen werden.

In Bild 4.14 stellen die Punkte A, B und C Gelenke dar (vgl. Tabelle 4.1): A = Schultergelenk, B = Ellenbogengelenk und C = Handgelenk. Die Massen M1 und M2 beschreiben die Masse des Oberarmes = M1 und des Unterarmes = M2.
Die Abmessung l_i kennzeichnet: l_{11} = Zentrum der Schwerkraft des Oberarmes, l_{12} = Länge des Oberarmes, l_{21} = Zentrum der Schwerkraft des Unterarmes. G = Erdbeschleunigung.

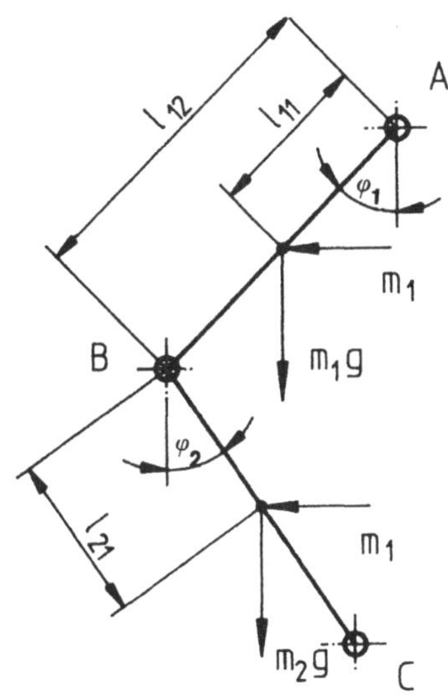

Bild 4.14: Strukturmodell zur Biomechanik der oberen Extremität

Das Modell kann beschrieben werden durch ein System nichtlinearer Differentialgleichungen der Form:

$$\varphi1 + (C1 + C2) : A \cdot \varphi1 + (M1 \cdot L11 + M2 \cdot L12) : A \cdot$$
$$G \cdot \varphi1 = -(M2 \cdot L12 \cdot L21) : A \cdot \varphi2 + C2 : A \cdot \varphi2$$

$$(4.5-9)$$

$$\varphi2 + C2 : B \cdot \varphi2 + (M2 \cdot L21 \cdot G) : B \cdot \varphi2 =$$
$$-(M2 \cdot L12 \cdot L21) : B \cdot \varphi1 + C2 : B \cdot \varphi1$$

$$(4.5-10)$$

mit

$$A: J_1 + m_1 \; l_{11}^2 + m_2 \; l_{12}^2$$

$$B: J_2 + m_2 \; l_{21}^2$$

Hierin ist φ_1, φ_2 die **Winkelverschiebung** (Elongation
um die Ruhelage) des Oberarmes (φ_1) bzw. Unterarmes
(φ_2), φ_1 φ_2 dessen **Winkelgeschwindigkeit** und
φ_1, φ_2 die **Winkelbeschleunigung**. J_1 ist das
Trägheitsmoment des Oberarmes und J_2 das Trägheitsmoment
des Unterarmes jeweils im Zentrum der Schwerkraft. C_1 und
C_2 sind die rotatorischen **Dämpfungskonstanten** des Schulter-
bzw. Ellenbogengelenkes.

Das dynamische Modell der Armprothese nach Gleichungen (4.5-9)
und (4.5-10) kann in eine Normalform transformiert werden, wie
folgt

$$\varphi_1 = - a_{11} \varphi_1 - a_{12} \varphi_1 - a_{13} \varphi_2 + a_{14} \varphi_2$$

$$(4.5-11)$$

$$\varphi_2 = - a_{21} \varphi_2 - a_{22} \varphi_2 - a_{23} \varphi_1 + a_{24} \varphi_1$$

$$(4.5-12)$$

Das durch die Gleichungen (4.5-11) und (4.5-12) beschriebene Gleichungssystem besteht aus zwei nichtlinearen gekoppelten Differentialgleichungen zweiter Ordnung, welche analytisch nicht geschlossen lösbar sind. Damit ist eine Näherungslösung unter Einsatz eines Simulators durchzuführen. Die Simulationsstudien können dabei nach verschiedenen Gesichtspunkten klassifiziert werden:

- nominaler Zustand
- Veränderungen von Modellparametern
- Systemanregungen

Einer Modellnachbildung, d.h. einer Simulation, entspricht damit die Berechnung der Ausgangsgrößen zu den entsprechenden Eingangsgrößen des mathematischen Modelles.

4.6 Lernfähigkeit und Simulation

Um die Möglichkeiten des Einsatzes des Werkzeuges Simulation zu erweitern, wird, wie weiter oben beschrieben, derzeit weltweit daran gearbeitet, die klassische Beschreibungsebene der Simulation als informationsverarbeitenden Prozeß durch die Metaphrase wissens- resp. regelverarbeitende Verfahren zu erweitern, z.B. durch Einbettung oder Verzahnung mit einem **Expertensystem**, was Bild 4.15 zeigt.

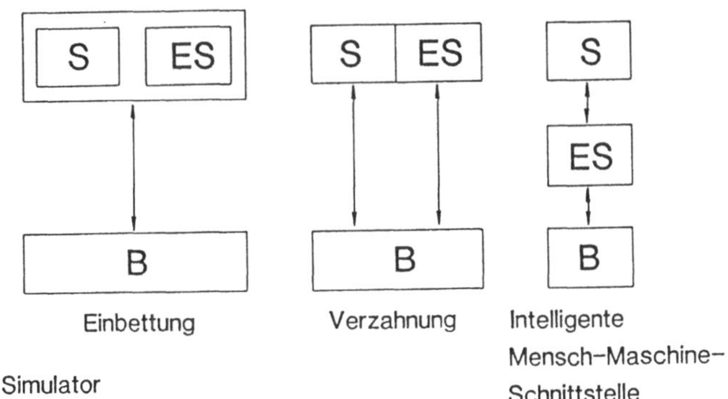

Bild 4.15: Möglichkeiten zur Kombination von Simulation und Expertensystem

Bei der **Einbettung** ist das wissensbasierte System (Experten-system) in das Simulationssystem eingebettet. Mittels der Ein-bettung können bereits realisierte **Simulatoren**, die Wissen in spezifischer Form in sich tragen, durch ein **wissensbasier-tes System** umhüllt werden. Die Kommunikation erfolgt über das wissensbasierte System, indem vorrangig die Verarbeitung von Symbolen dergestalt durchgeführt wird, daß eine anschließende **Simulation** mit sinnvollen Start- und Randbedingungen versorgt wird.

Unter einem **wissensbasierten System** versteht man eine Beschreibungsebene, welche auf der Grundlage von Daten und explizit repräsentiertem Wissen nach vorgegebenen Algorithmen und Heuristiken z.B. Diagnosen erstellt, Pläne generiert, Auskünfte erteilt usw. Wenngleich dieses Forschungsgebiet noch relativ jung ist, sind hier per se nicht die Grenzen für den Einsatz der Simulation zu sehen, da die wissensbasierte Simulation lediglich eine rein **syntaktische Korrelation** von Zeichenreihen, die durch das Modell vorgegeben sind, mit gewissen anderen Zeichenreihen, die vom wissensbasierten System ausgegeben werden herstellen, ohne daß dabei die Bedeutung der Zeichen verstanden wird. Wie in [STO 84] dargestellt, wissen wissensbasierte Programme von heute also nichts; auf sie ist der Begriff Wissen nicht anwendbar, nicht nur temporär, sondern prinzipiell. Notwendig ist deshalb eine Exploration der Prinzipien mit denen der Mensch "denkt" und interagiert.

Neuerdings werden deshalb wieder ältere Ideen aufgegriffen, wonach Wissen in neuronennetzartigen Gebilden verteilt dargestellt wird. Das dargestellte Wissen ist dann nicht spezifischen Symbolen zugeordnet; vielmehr ist es in Form von Aktivitätsmustern über Knoten und die diese verbindenden Konnektionen des gesamten Netzes verteilt. Man spricht auch von **subsymbolischen** Repräsentationen. Die daraus abgeleiteten **konnektionistischen Modelle** finden bezüglich des Phänomens **Lernfähigkeit** deshalb besondere wissenschaftliche Beachtung.

Bei den **neuronennetzartigen** **Gebilden** (Neuronales Netz) werden die verwendeten Prozessoren als **künstliche Neurone** oder auch als gleichartige Knoten oder Einheiten bezeichnet, die untereinander dergestalt vernetzt sind, daß ein effektiver **Input** net_i über den **Aktivierungszustand** a_i einen **Output** o_i erzeugt, der über Verbindungen an andere Knoten weitergeleitet wird. Dabei gilt folgender funktionaler Zusammenhang

$$a_i = F(net_i)$$
$$o_i = f(a_i).$$

Von essentieller Bedeutung für die Anwendung neuronennetzartiger Gebilde ist die **Topologie der Verbindungen.** Durch den Begriff **Konnektionismus** wird bei neuronenartigen Gebilden die Menge (Macht) von Verbindungen ausgedrückt, z.B. in Form von **Perzeption.**

Als **subsymbolische Repräsentation** kennzeichnet man einen Informationsverarbeitungsprozeß, bei dem gelernte Inhalte wie z.B. Zahlen, Ziffern etc., vermittels Symbolik auf einer anderen Ebene erfaßt werden.

Lernfähigkeit ist eines der wesentlichsten Merkmale menschlicher Intelligenz, und damit stellt der gesamte Bereich des **maschinellen Lernens** einen integralen Bestandteil der Erforschung der sog. "künstlichen Intelligenz" (KI) dar.

Geht man von der Vorstellung aus, daß Lernen in einem gewissen Sinne stochastisch abläuft, das heißt Komponenten von "Versuch" und "Irrtum" enthält, dann folgt, daß eine mögliche Ordnung der **Lernprozesse** auf eine hierarchische Klassifizierung der Irrtumstypen, die in den vielfältigen Lernprozessen jeweils korrigiert werden, gestützt werden kann . In [BAT 88] wird für die Klassifizierung von Lernprozessen die sogenannte **deskriptive Typentheorie** benutzt. **Lernen 0. Ordnung** kennzeichnet dann all jene Prozesse, die nicht der Berichtigung von Versuch und Irrtum unterworfen sind, während **Lernen 1. Ord-**

nung die Veränderung durch Korrektur von Irrtümern über die Auswahl innerhalb einer Menge von Alternativen ist. Demgegenüber stellt **Lernen 2. Ordnung** die Veränderung im Prozeß des Lernens 1. Ordnung dar. Hier tritt also eine korrigierende Veränderung in der Menge von Alternativen unter denen die Auswahl getroffen wird ein, was bezogen auf lernfähige Simulationssysteme der Veränderung der Regeln bzw. Algorithmen durch das System selbst entspricht. Das heißt, die Veränderung betrifft nicht die **Datenbank** (Daten des Algorithmus), die **Operanden** (das wäre Lernen 1. Ordnung), sondern es handelt sich beim Lernen 2. Ordnung und allen höheren Lerntypen um eine **Variation der Operanden**, also der Lernregeln, durch das System selbst, was einem **Kontextwechsel** gleichkommt.

Es sei an dieser Stelle angemerkt, daß es ein technisch realisiertes System für das Lernen 2. Ordnung bisher nicht gibt, da eine Maschine, die ihren eigenen Algorithmus (ohne "Lehrer bzw. Konstrukteur") erstellt, bisher nicht entwickelt wurde.

Alles bis heute in der KI-Forschung beschriebene **maschinelle Lernen** ist entweder 0. oder 1. Ordnung. Jedoch ist gerade im Fall lernfähiger Simulatoren ein Lernen 2. Ordnung wünschenswert, da der Simulator selbst aus seinen "Erfahrungen" heraus eine Veränderung seiner Kontextur bewerkstelligen könnte, was eine der menschlichen Intelligenz angenäherte Vorgehensweise auch von KI-Werkzeugen wäre. Dies entspricht einer **Selbstreferentialität**, wie in [KAE 89] dargestellt. **Dissipative Strukturen**, zu denen unter anderem Lebensprozesse und damit mentale Prozesse in Lebewesen gehören, entstehen nur in offenen Systemen, fernab vom **thermodynamischen Gleichgewicht**, durch Selbstreferentialität.

Das bedeutet wiederum, daß die Kontextur der zweiwertigen **aristotelischen Logik** durch die Kontextur einer mehrwertigen Logik erweitert werden muß, die sogenannte **Polykontexturalität**. Diese entsteht dadurch, daß bei drei Werten, wobei der dritte Wert nicht zwischen Null und Eins bzw. Wahr und Falsch der zweiwertigen Logik steht, drei zweiwertige Logiken entstehen, denen drei Kontexturen zugeordnet sind. Unter Kontextur wird dabei eine logische Domäne verstanden, in der alle logischen Regeln ihre volle Gültigkeit besitzen [KAE 89].

Betrachtet man in diesem Zusammenhang noch einmal die Realisierungsprinzipien von Simulatoren und stellt sich die Frage wie ein Simulator konzipiert sein muß, der dynamische Prozesse, wie den des Lernens 2. Ordnung, nachbilden kann, dann weiß man heute, daß er in der Lage sein muß, logisch ablaufende Prozesse (logische Operationen) auszuführen und parallel dazu jeden einzelnen Schritt eines derartigen Prozesses zu analysieren und die Resultate der Analyse in Wechselbeziehung zu den Schritten der Prozesse zu setzen, um diese gegebenenfalls steuernd zu korrigieren, sprich zu verändern, d.h. er muß über eine **Selbstrückbezüglichkeit** (Selbstreferentialität) verfügen. Damit entspricht er der Konzeption einer Maschine (Simulator) bei welcher die Operatoren des einen Prozesses simultan als Operanden von Operanden eines anderen Prozesses auftreten [KAE 89].

Das Problem vor dem man hier steht, besteht darin, das Problem selbst zunächst logisch adäquat zu formulieren, d.h. wenn das Lernen nicht Teil der Maschine ist, d.h. nicht einprogrammiert sein soll, so muß die Maschine zwischen sich und der Simulation eine Unterscheidung treffen können, dies ist jedoch ein selbst-rückbezüglicher Prozeß, worauf von Seiten der Philosophie bereits seit I. Kant hingewiesen wird, hinsichtlich der bestehenden Beschränkung logischer Beschreibungsformen.

Aus dieser Darstellung ist ersichtlich, daß man hier vor einem **Paradigmenwechsel** steht, der sich darin manifestiert, den **Beobachter** in die Beschreibung miteinzubeziehen. Konkret bedeutet dies, daß es für die Beschreibung dynamischer Systeme und ihrer Interaktion mit der Umwelt sowie deren Nachbildung durch Simulation zwei unterschiedliche, nicht zu vereinbarende, standortabhängige Beschreibungsvarianten gibt:

- vom Standort eines externen Beobachters eines dynamischen Systems und seiner Umgebung
- vom Standort des dynamischen Systems selbst unter Einbeziehung des Beobachters

An einem Beispiel soll abschließend dieser abstrakte Ansatz verdeutlicht werden: Ein **autonomer Roboter**, als Substrat biologischer Intelligenz, der sich in einer veränderten Umgebung bewegen können soll, muß über gewisse **kognitive Fähigkeiten** verfügen, d.h. er muß bis zu einem gewissen Grad selbständig lernfähig sein. Die **Lernfähigkeit** bezieht sich dabei auf die Verarbeitung von Veränderungen in der Umgebung, d.h. Veränderungen zwischen dem dynamischen System und seiner Umgebung, die aus dem dynamischen System heraus realisiert und verarbeitet werden müssen.

Bei der **Verzahnung** ist die parallele Nutzung von **wissensbasiertem System** und **Simulator** möglich. Die Simulationsaufgabe zerfällt bei dieser Form in viele Einzelfunktionen, die auf beide Systeme koordiniert aufgeteilt werden muß. Die in Bild 4.15 dargestellte **Verzahnung** ist dann zweckmäßig anzuwenden, wenn das zu untersuchende dynamische System aufgrund seiner Komplexität nur über mehrere Zwischenschritte analysierbar ist, wobei jeder Schritt in sich vollständig sein kann.

Im Fall der **intelligenten Mensch-Maschine-Schnittstelle** liegt zwischen dem Simulator das wissensbasierte System. Im Gegensatz der Bereitstellung von sinnvollen Daten für die Simulation, wie sie das **Einbettungs-Konzept** vorsieht, steht hier der Komfort für den Anwender im Vordergrund. Das vorgeschaltete **wissensbasierte System** (Expertensystem) sorgt für einen **intelligenten Dialog**. Hierunter soll verstanden werden, daß Anwender unterschiedlichen Kenntnisstandes in der Simulation zur Handhabung des Simulators befähigt werden sollen eine Simulation erfolgreich durchzuführen.

5 Identifikation

5.1 Identifikationsbegriff

Wie im Abschnitt 3.1 gezeigt, ist die rein **theoretische Systemanalyse (deduktive Modellbildung)** vielfach unzureichend, oft entweder wegen der ungenauen Voraussetzungen oder der nur beschränkten Anwendbarkeit, weshalb sie durch experimentelle Analysemethoden ergänzt wird (siehe Bild 3.4).

Während sich die **experimentelle Systemanalyse** grundsätzlich aller im Zeit- und Frequenzbereich gültigen Methoden bedient, liegt bei der Identifikation (Parameteridentifikation, Systemidentifikation) eine Reduktion der experimentellen Systemanalyse dergestalt vor, daß nur Methoden, die für den Einsatz des Prozeßrechners geeignet sind, Anwendung finden. Das sind die im Zeitbereich arbeitenden Methoden. Daraus ist ersichtlich, daß die Wahl der jeweils zweckmäßigen Beschreibungsformen stets vom betreffenden Anwendungsfall sowie den für die Identifikation zur Verfügung stehenden Hilfsmitteln, im vorliegenden Falle speziellen Rechneranwendungen, gekennzeichnet ist.

Der Begriff **Identifikation** kennzeichnet dabei sowohl die Bestimmung (Identifikation) der Struktur als auch die Bestimmung (Identifikation) der Parameter des zu untersuchenden Systems. Die Aufgabe der **Systemidentifikation** mittels Parameterschätzverfahren kann folgendermaßen formuliert werden:

Gegeben sind zusammengehörige **Datensätze** oder **Messungen** des zeitlichen Verlaufs der Ein- und Ausgangssignale eines dynamischen Systems. Gesucht sind die Struktur und/oder die Parameter eines geeigneten mathematischen Modelles.

180

Zur Lösung dieser Aufgabe geht man von der Vorstellung aus, daß dem realen (zu identifizierenden) dynamischen System ein **mathematisches Modell** möglichst gleicher Struktur und mit zunächst noch **frei einstellbaren Parametern**, die in dem **Parametervektor** $\underline{\theta}$ zusammengefaßt werden, parallel geschaltet sei. Die Parameter sind nun so zu ermitteln, daß das mathematische Modell sowohl das statische als auch das dynamische Verhalten des realen Systems möglichst genau beschreibt. Dies erfordert eine kritische Prüfung der **Modellqualität**, was durch die nachfolgenden Definitionen beschrieben wird.

Definition 29:

Aus der Menge der mathematischen Modelle $\widehat{MM}$ wird das mathematische Modell MM, welches das reale System RS erfüllt, dadurch identifiziert, daß es eine definierte **Fehlerfunktion** e minimiert.

$$MM \; \varepsilon \; \widehat{MM}: \; e \; [\; Y_{RS} \; (t), \; Y_{MM} \; (t) \;] \; \to \; Min. \; \blacksquare$$

Definition 30:

Definieren wir eine als Folge der mathematischen Abstraktion des realen Systems RS durch das mathematische Modell MM sich ergebende **Fehlerfunktion** e

$$e := e \; [Y_{RS} \; (t), \; Y_{MM} \; (t)]$$

dann kann das Identifikationsproblem als Optimierungsproblem formuliert werden im Sinne einer Minimierung des **Fehlerfunktionals**

$$J = \int_0^t |e|^2 \, dt \to Min. \; \blacksquare$$

Definition 31:

Legt man eine **parametrische Modellklasse** der Form MM = (MM_0) mit dem P-dimensionalen **Parametervektor** $\underline{0}$ zugrunde, liegt eine Reduktion des allgemeinen Identifikationsproblems auf das **Parameteridentifikationsproblem** vor. Dessen Aufgabe ist es, den verstellbaren P-dimensionalen Parametervektor $\underline{0}$ des mathematischen Modelles MM - welches damit dem sogenannten **Identifikationsmodell** entspricht -, so einzustellen, daß z.B. dessen Ausgangsgröße Y_{MM} (t) mit der des realen Systems Y_{RS} (t) übereinstimmt. ∎

Definition 32:

Das zu untersuchende System wird genau dann **identifizierbar** in den Parametern genannt, wenn das Optimierungsproblem eine **eindeutige Lösung** hat, d.h. wenn

$$\underline{\theta}_{RS} = \underline{\theta}_{MM}$$

der einzige Fall ist, für den

$$Y_{RS} (\underline{0}) = Y_{MM}(\underline{0})$$

ist. ∎

Definition 32 besitzt auch für den Fall Gültigkeit, daß die Ausgangsgrößen des realen Systems nur fehlerbehaftet gemessen werden können, gemäß

$$Y_{RS}, \; m = Y_{RS} + e_{RS}$$

In diesem Fall ist die Ausgangsgröße des mathematischen Modelles Y_{MM} mit der gemessenen Ausgangsgröße des realen Systems Y_{RS} zu vergleichen. Bei exakter Übereinstimmung der Ausgangsgrößen zwischen realem System und mathematischem Modell gilt für die verbleibende Abweichung

182

$$e_{MM}\ (\underline{\theta}_{MM}) : = Y_{RS,\ m} - Y_{MM}\ (\underline{\theta}_{MM})$$

gerade

$$e_{MM}\ (\underline{\theta}_{MM} = \underline{\theta}_{RS}) = e_{RS}.$$

Mithin ist $\underline{\theta}_{MM}$ so einzustellen, daß der geschätzte **Ausgangsfehler** $e_{MM}\ (\underline{\theta}_{MM})$ gleich dem tatsächlichen Ausgangsfehler $e_{RS}\ (\underline{\theta}_{RS})$ wird. Damit ist der Fehler zwischen $Y_{RS}\ (\underline{\theta})$ und $Y_{MN}\ (\underline{\theta})$ minimiert.

Man kann Definitionen 29 und 30 noch allgemeiner fassen [THI 87].

Definition 33

Ein dynamisches System heißt bezüglich seines mathematischen Modelles MM an der Stelle $\underline{\theta}_{RS}$ des Parameterraumes **lokal identifizierbar**, wenn es eine Umgebung von $\underline{\theta}_{RS}$ gibt derart, daß für alle $\underline{\theta} = \underline{\theta}_{RS}$ aus dieser Umgebung $\underline{\theta}$ und $\underline{\theta}_{RS}$ unterscheidbar sind. ∎

Definition 34

Ein dynamisches System heißt bezüglich seines mathematischen Modelles MM an der Stelle $\underline{\theta}_{RS}$ des Parameterraumes **global identifizierbar**, wenn für beliebige $\underline{\theta} = \underline{\theta}_{RS}$ die Parametervektoren $\underline{\theta}$ und $\underline{\theta}_{RS}$ unterscheidbar sind. ∎

Beispiel 22

Unter Zugrundelegung obiger Definitionen ist ein dynamisches System, welches durch nachfolgende Zustandsdifferentialgleichung beschrieben ist, auf seine Identifizierbarkeit zu überprüfen.

$$\underline{\dot{X}} = \underline{X}\ (\underline{\theta}_{RS}\ ) + \underline{U} \tag{5.1-1}$$

Das mathematische Modell (5.1-1) ist in keinem einzigen Punkt des Parameterraumes $\underline{\theta}_{RS}$ lokal identifizierbar (vgl. Definition 33), da $\underline{\theta}_{RS}$ in der Umgebung nicht in einem einzigen Punkt für alle $\underline{\theta} = \underline{\theta}_{RS}$ unterscheidbar sind. Dies ist deshalb der Fall, da in jeder Umgebung von $\underline{\theta}_{RS}$ gilt

$$\theta_1 + \theta_2 = \theta_{RS1} + \theta_{RS2}$$

bzw.

$$\theta_2 = -\theta_1 + (\theta_{RS1} + \theta_{RS2})$$

Bezogen auf den neu definierten Parameter

$$\theta_{RS} := \theta_{RS1} + \theta_{RS2}$$

ist das mathematische Modell (5.1-1) andererseits für jedes θ_{DS} global identifizierbar (vgl. Definition 34).

Zur Lösung der geschilderten **Identifikationsaufgabe** kann für den Einsatz eines Rechners vereinfacht wie folgt vorgegangen werden:

- Aufstellen der Modellgleichungen (**Modellstruktur** anhand der a priori Informationen, die aus den physikalischen Eigenschaften des realen Systems gewonnen wurden).

- Ausgehend vom dynamischen Verhalten des Systems: Auswahl der Art der **Modellgleichungen**, Festlegung des Gültigkeitsbereiches und Anzahl der zu identifizierenden Parameter, Auswahl des Identifikationsverfahrens und Implementierung des **Identifikationsalgorithmus** im Rechner.

- Planung des **Meßvorgangs** (meßbare Anfangszustände festlegen, Wahl der Eingangssignale, der Abtastzeit und Berücksichtigung der Fehlermöglichkeiten bei den Messungen).

- Ermittlung der **Meßwerte**.

- **Parameteridentifikation** durch Minimierung der Fehler
  zwischen dem realen System und dem mathematischen Modell
  unter Auswahl einer **Optimierungsmethode**. Das Ergebnis
  der Parameteridentifikation ist das sogenannte identifizierte Modell.

- **Verifikation** des identifizierten Modells, d.h.
  Simulation mit anderen Meßreihen, Vergleich gemessener
  Daten versus simulierter Daten, Sensitivitätsanalyse für
  Parametervariationen etc.

Im Regelfall wird das identifizierte Modell nicht in einem
Durchlauf gemäß obiger Sequenz gewonnen, sondern erst nach
mehrmaligem Durchlauf und zwar auf unterschiedlichen Stufen der
obigen Sequenz.

5.2 Idenfikationsverfahren

Zur Lösung der im Abschnitt 5.1 beschriebenen Identifikationsaufgabe sind zahlreiche mathematische Verfahren entwickelt
worden. Nachfolgend beschränken wir uns auf diejenigen
Identifikationsverfahren, die sich für den Einsatz des
Prozeßrechners und damit für diskrete Signale eignen, da für
ein auf einem Prozeßrechner implementiertes Modell die Ein-
bzw. Ausgangssignale nur zu diskreten Zeitpunkten vorliegen.

Als Fehlersignal zwischen realem System und mathematischem
Modell beschränken wir uns ausschließlich auf **Ausgangsfehler-
verfahren**. Die unbekannten Modellparameter werden so bestimmt,
daß die Summe der Quadrate von Differenzen zwischen Modellausgang und gemessenen Systemausgang minimiert und dadurch eine
hinreichende Übereinstimmung zwischen System und Modell erreicht wird.

Aus dieser Überlegung leitet sich der Begriff der **Methode der
kleinsten Quadrate** und in konkretem Fall derjenige der

Ausgangsfehler-Methode ab. Erfolgt die Ermittlung der Modellparameter nicht in Echtzeit, da z.B. das reale System nicht zur
Verfügung steht sondern nur vorher gemessene Meßwerte, bezeichnet man das Identifikationsverfahren als **Off-line Verfahren**.

5.2.1 Iterative Schätzalgorithmen

Die **Identifikation zeitvarianter Systeme** besteht prinzipiell
in der Lösung des im Bild 5.1 dargestellten numerischen
Problems [LEK 78]. Dabei sind $y(t_k)$ und $u(t_k)$ die verwendeten Meßwerte der Eingangs- bzw. Ausgangsvariablen des Systems
zu den Zeitpunkten t_k, k=1, ..., n und θ_s ist der gesuchte Parametervektor.

Der **Schätzalgorithmus** bestimmt die Modellparameter aus den
zur Verfügung stehenden Meßwerten der Ein- bzw. Ausgangsgrößen
des Systems, in dem Sinne, daß das **Fehlerfunktional** minimiert
wird

$$J = f \ [e(\underline{\theta},t)] = \text{Min.}$$

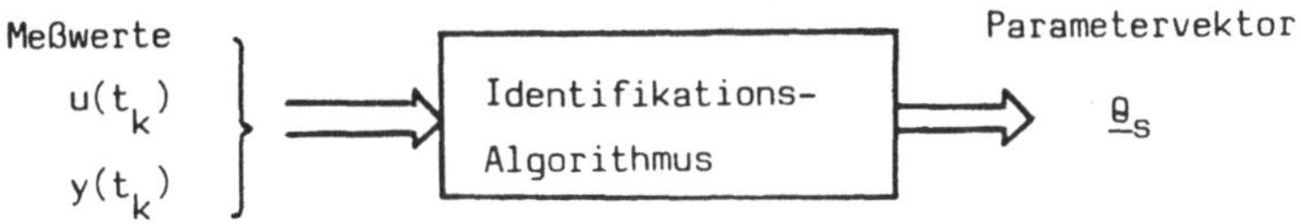

Bild 5.1: Numerisches Problem der Identifikation

Eine allgemeine Methode zur Minimierung des **Fehlerfunktionals**
J ist die **iterative Parameterverstellung**. Die Komplexität des
Algorithmus hängt dabei davon ab, ob der Fehler zwischen System
und Modell linear oder nichtlinear in den Parametern ist. Bei
den **iterativen Schätzalgorithmen** werden die Modellparameter

186

θ_{MM} unter gleichzeitiger Benutzung aller Meßwerte sukzessiv approximiert. Mit derartigen Algorithmen können auch allgemeine, nicht auf ein **lineares Ausgleichsproblem** (d.h. die zu minimierende Zielfunktion ist eine quadratische Funktion der gesuchten Parameter) zurückführbare Identifikationsprobleme gelöst werden.

Die schematische Darstellung iterativer Parameterschätzverfahren zeigt Bild 5.2 [LEK 78].

Beispiele zu diesem Verfahren sind z.B. die **Ausgangsfehler-Methode** und die **Maximum-Likelihood-Methode**.

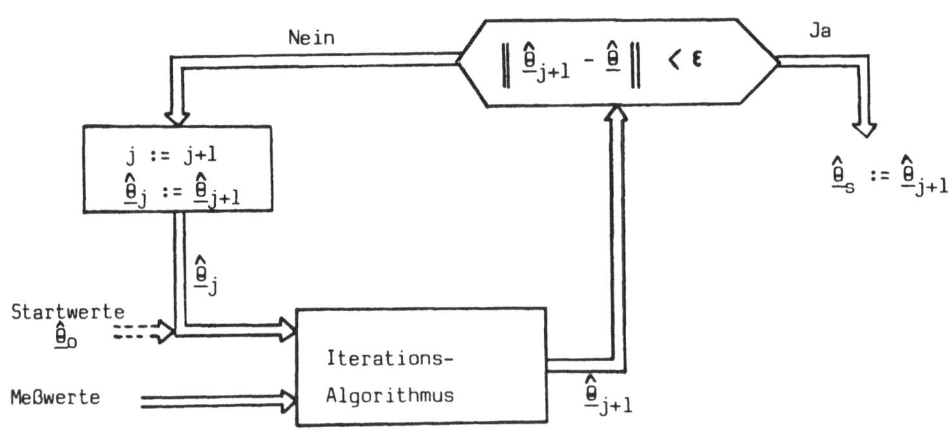

Bild 5.2: Iterativer Schätzalgorithmus für zeitinvariante Modelle

5.2.2 Methode der kleinsten Ausgangsfehlerquadrate

Für die Identifikation in den Parametern nichtlinearer Modelle hat sich die **Ausgangsfehlermethode** als besonders geeignet herausgestellt. Hierzu wird dem zu untersuchenden realen System ein mathematisches Modell mit verstellbarem Parametervektor

$\underline{\theta}_{MM}$ parallel geschaltet. Man spricht in diesem Fall auch von der sogenannten **Referenz-Modell-Methode.** Dabei wird vorausgesetzt, daß die Struktur des Modells bekannt ist. Die Aufgabe der Parameteridentifikation besteht darin, bei gleicher Anregung U(t) von realem System und Modell durch eine geeignete Einstellung des P-dimensionalen Parametervektors $\underline{\theta}_{MM}$ des mathematischen Modelles, dessen Ausgangsgrößen in möglichst gute Übereinstimmung mit denen des realen Systems zu bringen. Bei gleicher Struktur zwischen realem System und mathematischem Modell ist Übereinstimmung für mindestens ein $\underline{\theta}$, nämlich $\underline{\theta}_{RS} = \underline{\theta}_{MM}$ existent.

Im folgenden gehen wir von einem zeitkontinuierlichen, nichtlinearen, mathematischen Modell aus. Seine Parameter können durch einen P-dimensionalen Parametervektor $\underline{\theta}_{MM}$ beschrieben werden. Der Einsatz des Prozeßrechners zur Parameteridentifikation erfordert die Überführung der **zeit-kontinuierlichen** Beschreibung in die **zeitdiskrete Form** durch näherungsweises Ersetzen der Differentialgleichung y(t) durch die **Differenzengleichung n-ter Ordnung** [MÖL 83]

$$y_k + a_{n-1}\, y_{k-1} + \ldots + a_0\, y_{k-n}$$
$$= b_{n-1}\, u_{k-1} + \ldots + b_0\, u_{k-n} \qquad (5.2-1)$$

wobei für die Ausgangsgröße y_k gilt

$$y_k : = y\,(k \cdot t_a); \quad k = 0, 1, \ldots, n$$

mit t_a als **Abtastzeit** des Prozeßrechners. Für den P = 2n-dimensionalen Parametervektor des mathematischen Modelles $\underline{\theta}_{MM}$ gilt

$$\underline{\theta}^T_{MM} : = [a_{n-1},\ a_{n-2},\ \ldots,\ a_0;$$
$$b_{n-1},\ b_{n-2},\ \ldots,\ b_0] \qquad (5.2-2)$$

Durch Einführen der **Polynome**

$$A\,(q^{-1}) : = 1 + a_{n-1}\, q^{-1} +, \ldots, a_0\, q^{-n} \qquad (5.2-3)$$

$$B\,(q^{-1}): = b_{n-1}\,q^{-1} +, \ldots, b_0\,q^{-n} \qquad\qquad (5.2\text{-}4)$$

wobei q^{-1} der sogenannte **Verschiebeoperator** ist, welcher der Verzögerung zwischen zwei diskreten Zeitschritten entspricht, für den gilt [AOK 71]

$$q^{-1}\,y_k: = y_{k-1} \, ,$$

kann man für Gleichung (5.2-1) schreiben

$$y_k = \frac{B(q^{-1})}{A(q^{-1})}\,u_k \qquad\qquad (5.2\text{-}5)$$

mit den diskreten Werten u_k und y_k der Ein- und Ausgangsgrößen. In Bild 5.3 ist das Schema der **Ausgangsfehlermethode** für die **diskreten Folgen** $\{u_k\}$ und $\{y_k\}$ dargestellt.

Ist die **Meßwertfolge** der Ausgangsgrößen des realen Systems fehlerbehaftet, erhält man

$$\{ Y_{RS,\,m\,k}\} = \{Y_{RS,\,k}\} + \{ n_k\},$$

was, bezogen auf die Gleichungen (5.2-5) bzw. (5.2-1) zur Folge hat, daß diese wegen $(Y_{OS,\,mk})$ nur noch bis auf die **Ausgangsfehlerfolge** $\{e_k\}$ erfüllt sind. Da als Fehler zwischen dem realen System und dem mathematischen Modell der Ausgangsfehler verwendet wird (siehe Bild 5.3), erhält man für die Ausgangsfehlerfolge

$$\{e_k\}: = \{Y_{RS,\,mk}\} - \left\{\frac{B(q^{-1})}{A(q^{-1})} : u_k\right\}$$

$$\qquad\qquad\qquad\qquad (5.2\text{-}6)$$

$$: = \{Y_{RS,\,m\,k}\} - \{Y_{MM,\,k}\,(\underline{\theta}_{MM})\}$$

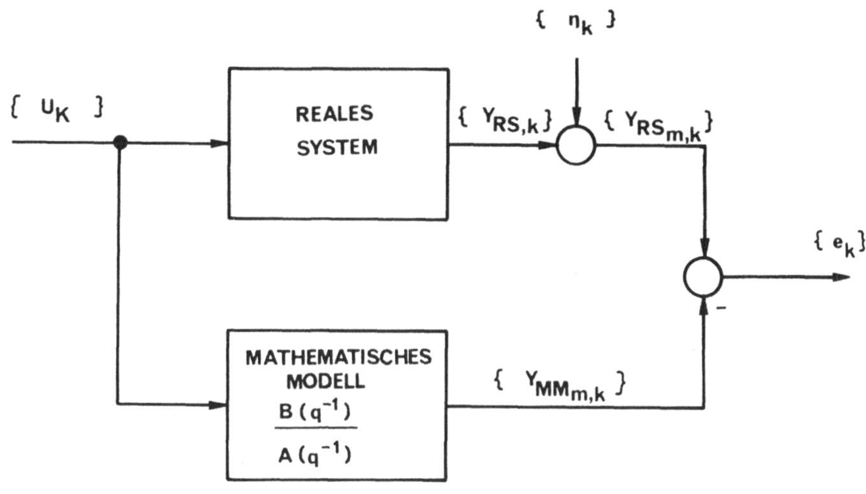

Bild 5.3: Anordnung zur Bildung des Fehlers zwischen realem System RS und mathematischem Modell MM nach der Methode des Ausgangsfehlers

Ausgehend von Definition 31 kann das **Identifikationsproblem** wie folgt formuliert werden:

Für das durch Gleichung (5.2-5) beschriebene **Identifikations**-modell soll dessen verstellbarer Parametervektor $\underline{\theta}_{MM}$ so bestimmt werden, daß die erhaltene **Schätzung** (e_k) bei bekanntem **Erwartungswert** E (e_k) möglichst gut mit diesem übereinstimmt. Wählt man $\underline{\theta}_{MM}$ so, daß die Summe der quadratischen Abstände von $(e_k \ (\underline{\theta}_{MM}))$ zu $E \ (e_k)$ minimal wird, d.h. für das **Fehlerkriterium** gilt

$$J_N \ (\underline{\theta}_{MM}) = \sum_{k=n}^{N} (e_k(\underline{\theta}_{MM}) - E\{e_k\})^2 \ -> \ \text{Min.,}$$

(5.2-7)

erhält man das Verfahren der Parameteridentifikation nach der **Methode der kleinsten Ausgangsfehlerquadrate**. Der Index N in Gleichung (5.2-7) kennzeichnet die Anzahl der **Meßgrößen**.

Wäre $e_k \ (\underline{\theta}_{MM})$ bekannt, so könnte $\underline{\theta}_{MM}$ exakt eingestellt werden. Da $e_k \ (\underline{\theta}_{MM})$ aufgrund der **zufallsverteilten Meßfehler** eine **Zufallsgröße** ist, kann man für Gleichung (5.2-7) nur fordern, daß $e_k \ (\underline{\theta}_{MM})$ für das zu bestimmende $\underline{\theta}_{MM}$ möglichst gut mit dem **Erwartungswert** E (e_k) übereinstimmt.

Für den Spezialfall des **stationären stochastischen Systems**, d.h. die durch eine **Wahrscheinlichkeitsdichtefunktion** für einen bestimmten Zeitpunkt erhaltenen **statistischen Eigenschaften** des **stochastischen Systems** sind unabhängig von einer Zeitverschiebung der Signale, vereinfacht sich wegen E $(e_k) = \underline{\theta}$ für alle k Gleichung (5.2-7) zu [HOF 70, MÖL 83]

$$J_N \ (\underline{\theta}_{MM}) = \sum_{k=n}^{N} e^2_k \cdot \underline{\theta}_{MM} \ \_> \ \text{Min.}$$

(5.2-8)

Setzt man $e^2_k \ (\underline{\theta}_{MM})$ in Gleichung (5.2-8) entsprechend Definition 30 an, erhält man das **Fehlerkriterium der kleinsten Ausgangsfehlerquadrate** in der aus der Literatur bekannten Form [MÖL 83, UNB 86]

$$J_N \ (\underline{\theta}_{MM}) = \sum_{k=n}^{N} (Y_{RS, \ m \ k} - Y_{MM,k} \ (\underline{\theta}_{MM}))^2 \ \_> \ \text{Min.}$$

(5.2-9)

bzw.

$$J_N(\underline{\theta}_{MM}) = (Y^N_{RS,\,m} - Y^N_{MM}(\underline{\theta}_{MM}))^T (Y^N_{RS,\,m} - Y^N_{MM}(\underline{\theta}_{MM})) \rightarrow \text{Min.}$$

$$(5.1\text{-}10)$$

Da $Y^N_{MM}(\underline{\theta}_{MM})$ im allgemeinen eine nichtlineare Funktion von $\underline{\theta}_{MM}$ ist, kann der Parameterwert $\underline{\theta}^N_{MMmin}$, für den $J_N(\underline{\theta}_{MM})$ zum Minimum wird, nur mittels **numerischer Optimierungsverfahren** gefunden werden.

In Bild 5.4 ist das Prinzip der realisierten **Ausgangsfehlermethode** angegeben.

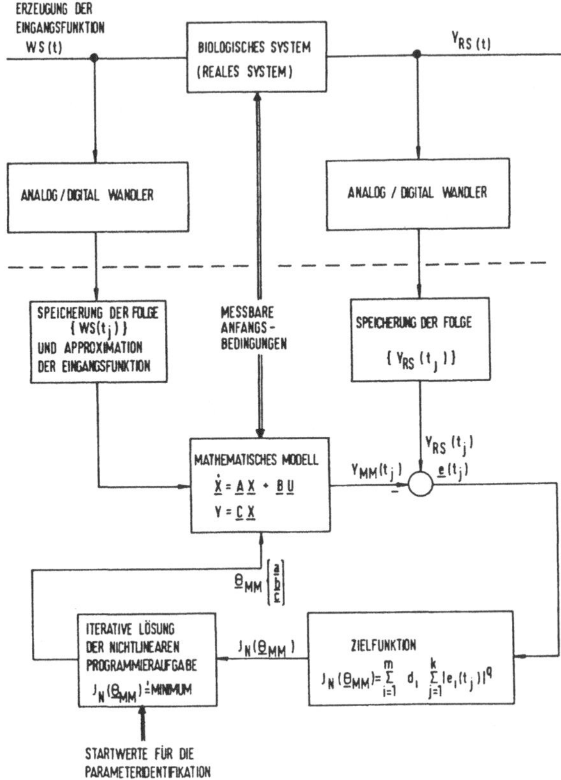

Bild 5.4: Blockorientierte Darstellung der realisierten Ausgangsfehlermethode

Unter Bezug auf [MÖL 81] ist bei dem in Bild 5.4 dargestellten Verfahren folgendes zu beachten:

- U (t) entspricht dem identischen **Steuervektor** sowohl des realen Systems RS (z.B. einem biologischen System) als auch des mathematischen Modells MM.

- Für die numerische **Integration** sind auch die Funktionswerte von U (t) zwischen den Meßzeiten erforderlich. Diese können durch **Interpolation** näherungsweise berechnet werden.

- Die gemessenen **Anfangszustände** des realen Systems (z.B. biologisches System) $\underline{X}_S$ werden abgespeichert. Die nicht meßbaren Anfangszustände $\underline{b}$ sind als unbekannte Koeffizienten des Parameter- vektors $\underline{\theta}_{MM}$ zu schätzen.

- Zur **iterativen** Lösung des nichtlinearen Parameter- identifikationsprolemes müssen für den Parametervektor $\underline{\theta}_{MM}$ Startwerte $\underline{\theta}_{MM}$ $(\underline{\theta})$ vorgegeben werden, die möglichst nahe bei den optimalen Parameterwerten liegen sollten.

5.3 Optimierungsverfahren

Im vorherigen Abschnitt wurde dargestellt, daß Aufgabe der Identifikation ist, daß **Parameteroptimierungsproblem**

$$J\ (\underline{\theta}) \overset{!}{=} Min$$

zu lösen. Hierzu kommen die **direkten** sowie indirekten Optimierungsverfahren für **eindimensionale** bzw. **mehr-dimensionale Optimierungsprobleme** zur Anwendung.

Zu den **eindimensionalen** Optimierungsverfahren gehören:

Die **Suchmethoden**
- Äquidistante Suche

- Fibonacci Suche
- Suche mittels Ersatzfunktion

Die Gradientenmethoden
- Hermite'sche Interpolation

Zu den **mehrdimensionalen Optimierungsverfahren** gehören:

Die Suchmethoden
- Sukzessive Variation der Variablen
- Rosenbrock-Methode
- Powell-Methode

Die Gradientenmethoden
- Methode des steilsten Abstieges
- Davidon-Fletcher-Powell-Methode
- Fletcher-Reeves-Methode

Die Newton-Methode
- Newton-Raphson-Methode

Im folgenden beschränken wir uns auf die **Suchmethoden** für mehrdimensionale Optimierungsverfahren.

Für eine detaillierte Darstellung der obigen Verfahren sei auf [HOF 70, HOF 75] verwiesen.

Gemeinsames Kennzeichen aller **mehrdimensionalen Suchverfahren** ist:
- die Festlegung des Anfangswertes
- die sukzessive Suche in vorgegebenen Richtungen innerhalb des Parameterraumes (Iterationszyklus)
- der Abbruch der Suche anhand eines festgelegten Fehler-kriteriums

5.3.1 Sukzessive Variation der Variablen

Bei **Suchmethoden** gelangt man im allgemeinen von einem Punkt $\underline{\theta}_j$ zum folgenden (besseren) Punkt $\underline{\theta}_{j+1}$, z.B. durch eine lineare **Minimumsuche** entlang der Geraden $\underline{\theta}_j + \alpha_j \underline{s}_j$. Dabei wird α_j so bestimmt, daß

$$J\,(\underline{\theta}_j + \alpha_j \underline{s}_j) = \text{Min.} \qquad\qquad (5.3\text{-}1)$$

ist.

Als **Iterationsvorschrift** erhält man dann folgende Beziehung:

$$\underline{\theta}_{j+1} = \underline{\theta}_j + \alpha_j \underline{s}_j \quad . \qquad\qquad (5.3\text{-}2)$$

Bei der **sukzessiven Variation** werden die Parameter θ_1, θ_2, ..., θ_n sukzessiv einzeln solange variiert, bis jeweils das Minimum der **Zielfunktion** gefunden ist. Die **Suchrichtungen** $\underline{s}_j$ entsprechen den Koordinatenachsen bzw. deren Einheitsvektoren $\underline{e}_j$.

Ausgehend von einem beliebigen Startpunkt $\underline{\theta}_1$ wird α_1 in Richtung e_1 solange variiert bis $J(\theta)$ nicht mehr abnimmt. Gemäß Gleichung (5.3-2) erhält man θ_2.
Jetzt wird α_2 in Richtung $\underline{e}_2$ dergestalt verändert, daß $J(\theta)$ wieder abnimmt. Für den Fall eines zweidimensionalen Systems erreicht man nach dem ersten Zyklus als vorläufig bestes Ergebnis $\theta_2^{(i)}$. Der hochgestellte Index i steht für den Iterationszyklus, i=1, ..., k. Die Variation wird jetzt für einen neuen Zyklus mit $\theta_1 := \theta_2^{(1)}$ erneut in Richtung $\underline{e}_1$ vorgenommen. Man erreicht ein neues $\underline{\theta}_2^{(i)}$. Die Iterationen werden solange weitergeführt, bis ein vorgegebenes **Abbruchkriterium** erfüllt ist. Die **Iterationsvorschrift** lautet hierfür:

$$\underline{\theta}_{j+1} = \underline{\theta}_j + \alpha_j \underline{e}_j, \quad j = 1,2,\ldots,n \qquad\qquad (5.3\text{-}3)$$

wobei n die Dimension des Problems angibt. Bild 5.5 veranschaulicht das Verfahren für eine zweidimensionale Zielfunktion $J(\theta)$ [TAN 85].

Zur Bestimmung der α_j aus Gleichung (5.3-1) können **eindimensionale (lineare) Suchverfahren**, wie z.B. das Fibonacci-Verfahren verwendet werden.

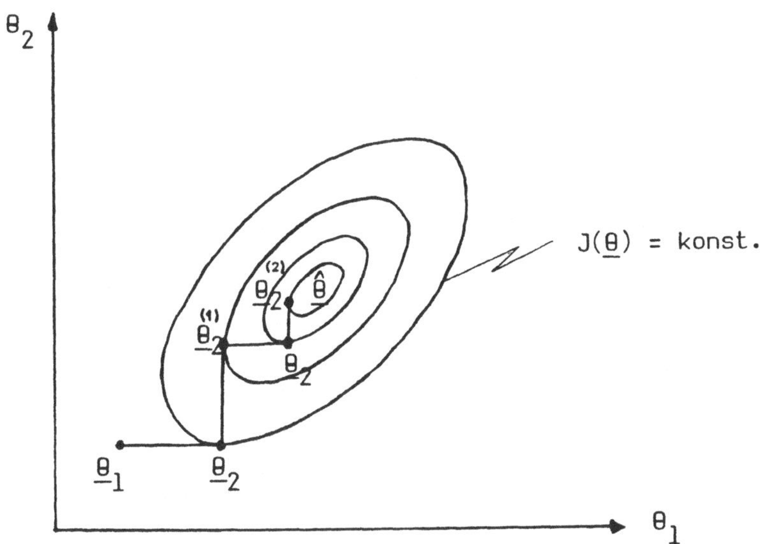

Bild 5.5: Sukzessive Variation der Parameter

Die Methode der **sukzessiven Variation** hat jedoch den Nachteil, daß die Informationen der vorhergehenden Suche für die folgenden Suchschritte nicht berücksichtigt werden. Es hängt entscheidend von der Wahl des Startpunktes θ_1 ab, wie schnell das Minimum erreicht wird. Während das Verfahren in hinreichendem Abstand vom Minimum gut voranschreitet, wird es in der Nähe des Minimums langsamer und die Zahl der Iterationszyklen steigen an. Aufgrund dieser Nachteile hat man versucht, die Methode der sukzessiven Variation dahingehend zu erweitern, daß gute **Konvergenzgeschwindigkeit** sowohl in hinreichendem Abstand vom Minimum als auch in der Nähe des Minimums gewährleistet ist. Dazu werden die neuen Suchrichtungen mit Hilfe der a-priori Information aus den vorhergehenden Iterationszyklen festgelegt.

Die verbesserten Methoden der sukzessiven Variation basieren auf der Überlegung, daß viele Zielfunktionen im Bereich des Minimums annähernd quadratisch sind [HOF 70]. Die nicht quadratischen Zielfunktionen können in der Umgebung des Minimums durch quadratische Terme approximiert werden, wobei die quadratische **Zielfunktion** der allgemeinen Form:

$$J(\underline{\theta}) = \underline{\theta}^T \underline{A} \underline{\theta} + \underline{b}^T \underline{\theta} + c \qquad (5.3\text{-}4)$$

genügt, mit $\underline{A}$ als positiv definiter Matrix.

5.3.2 Die Rosenbrock-Methode

Die **Rosenbrock-Methode** gehört, wie in Abschnitt 5.3 dargestellt, zu den **mehrdimensionalen direkten Suchverfahren**, da die zu optimierende Zielfunktion von mehreren Variablen abhängen kann. Aufgabe des Optimierungsverfahrens ist es, die unabhängigen Variablen so einzustellen, daß die Zielfunktion ihren minimalen oder maximalen Wert, ihr Optimum, erreicht.

Der Grundgedanke bei der Rosenbrock-Methode ist folgender: Ausgehend von dem vorgegebenen **Anfangswert** θ_{MMo} wird mit der festgelegten **Schrittweite** Δt in den **n-orthogonalen** Einheitsvektoren v_j (j=1 ...,n) des Parameterraumes (zweckmäßig ist es, die Koordinatenrichtungen zu wählen, da sie orthogonal sind) solange gesucht, d.h. θ_{MMo} solange verstellt, bis ein besserer Funktionswert der Zielfunktion J_N (θ_{MM}) ermittelt ist. Im Falle des Erfolges (Minimierung im Sinne der Minimumsuche bzw. Maximierung im Sinne der Maximumsuche) wird mit dem geänderten Parametervektor θ_{MM1} = θ_{MMo} + $\Delta\underline{\theta}$ als neuen Anfangswert θ_{MMo}: = θ_{MM1} die Suche fortgesetzt. Der in dieser Richtung auszuführende nächste

Suchschritt wird außerdem verdreifacht. Im Falle einer erfolglosen Suche wird die Schrittweite für den nächsten auszuführenden Suchschritt dagegen halbiert. Bei der Rosenbrock-Methode werden alle v_j-Richtungen solange abgesucht, bis man für jede der n-Richtungen nach einem Erfolg einen Mißerfolg erzielt. Erst dann ist der **Iterationszyklus** abgeschlossen. Anschließend wird der alte Satz orthogonaler Suchrichtungen v_j durch einen neuen Satz gedrehter orthogonaler Suchrichtungen v_j ersetzt, dessen eine Basis-Vektorrichtung mit der Richtung des Gesamterfolges des vorherigen Iterationszyklus übereinstimmt. Im Grunde genommen entspricht diese Vorgehensweise der Ermittlung einer **Vorzugsrichtung**. Der geschilderte Verfahrensablauf wird solange wiederholt, bis ein beliebig gewähltes **Fehlerkriterium** erfüllt ist [AOK 71, HOF 70, JAC 72].

Die Ermittlung einer Vorzugsrichtung nach jedem abgeschlossenen Iterationszyklus und die Anpassung der Schrittweite an den Erfolg bzw. Mißerfolg innerhalb eines Iterationszyklus beschleunigen das Such- verfahren. Sie sind das besondere Kennzeichen der Rosenbrock-Methode.

Von Vorteil bei der Rosenbrock-Methode ist im Vergleich zu den **Gradientenverfahren** [MÖL 81], daß nur die Zielfunktion und nicht noch zusätzlich deren Ableitung, der Gradient, bekannt sein muß.

Besondere Beachtung verdient jedoch der Umstand, daß die **Zielfunktion unimodal** sein muß, denn nur dann tritt an der Stelle θ_{MM} das einzige und damit globale Minimum bzw. Maximum der Zielfunktion auf.

Definition 35:

Eine **Zielfunktion** $J_N(\underline{\theta}_{MM})$ heißt innerhalb des Intervalles $< \underline{\theta}_{MMo}, \underline{\theta}_{MM} >$ für $\underline{\theta}_{MM1} < \underline{\theta}_{MM2}$ unimodal, wenn für $\underline{\theta}_{MM2} < \underline{\theta}_{MM}$ die Beziehung gilt

$$J_N\ (\underline{\theta}_{MM1}) < J_N\ (\underline{\theta}_{MM2})$$

bzw. wenn für $\underline{\theta}_{MM1} > \underline{\theta}_{MM}$ die Beziehung

$$J_N\ (\underline{\theta}_{MM1}) > J_N\ (\underline{\theta}_{MM2})$$

erfüllt ist.∎

Strengere Bedingungen als **unimodal** sind die Bedingungen **konvex** und **konkav** in diesem Zusammenhang.

Definition 36:

Eine Funktion heißt genau dann **streng konvex**, wenn für die Verbindungsstrecke zwischen zwei Kurvenpunkten der Zielfunktion $J_N\ (\underline{\theta}_{MM1})$ und $J_N\ (\underline{\theta}_{MM2})$ gilt

$$\frac{J_N\ (\underline{\theta}_{MM1}) + J_N\ (\underline{\theta}_{MM2})}{2} > \frac{J_N(\underline{\theta}_{MM1} + \underline{\theta}_{MM2})}{2}\ .$$

Sie enthält dann in ihrem Definitionsbereich das einzige damit **globale Minimum** der Zielfunktion.∎

Definition 37:

Eine Funktion heißt genau dann **streng konkav**, wenn für die Verbindungsstrecke zwischen zwei Kurvenpunkten der Zielfunktion $J_N\ (\underline{\theta}_{MM1})$ und $J_N\ (\underline{\theta}_{MM2})$ gilt

$$\frac{J_N\ (\underline{\theta}_{MM1}) + J_N\ (\underline{\theta}_{MM2})}{2} < \frac{J_N(\underline{\theta}_{MM1} + \underline{\theta}_{MM2})}{2}\ .$$

Sie enthält dann in ihrem Definitionsbereich das einzige und damit **globale Maximum** der Zielfunktion.∎

Definition 38:

Ein **Gebiet** heißt genau dann **streng konvex** oder **konkav**, wenn alle Punkte auf einer Verbindungsstrecke zwischen zwei Randpunkten innerhalb des zulässigen Gebietes G_Z liegen, d.h.

wenn für

$$J_N\,(\underline{\theta}_{MM1}),\ J_N\,(\underline{\theta}_{MM2})\ \varepsilon\ G_Z$$

gilt. ∎

Obgleich die in den Definitionen 35 bis 38 angegebenen Randbedingungen erfüllt sind, kann das Suchverfahren versagen. Ein
Beispiel für diesen Fall ist in Bild 5.7 anhand der Parallel-
projektion der **Höhenlinien** $J_N\,(\underline{\theta}_{MM1},\ \underline{\theta}_{MM2})$ =
konstant der Zielfunktion $J_N\,(\underline{\theta}_{MM})$ aus dem mehrdimensionalen **Parameterraum** in die zweidimensionale $\underline{\theta}_{MM1}$ -
$\underline{\theta}_{MM2}$ - **Parameterebene** angegeben.

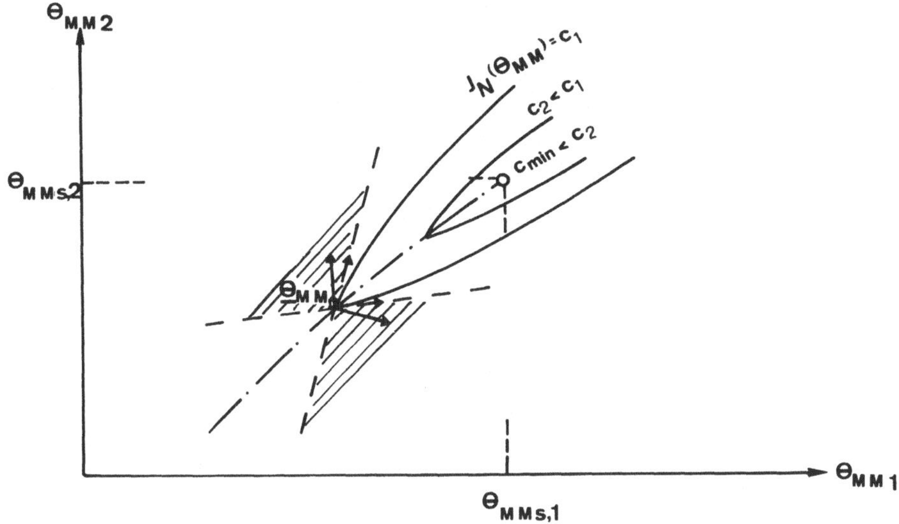

Bild 5.7: Beispiel für das Versagen des direkten Suchverfahrens für eine zweidimensionale Zielfunktion

Dazu geht man vom Punkt $\underline{\theta}_{MMo}$ aus, der auf einer Kante liegt,
auf der sich sowohl die Höhenlinien $J_N\,(\underline{\theta}_{MM1},\ \underline{\theta}_{MM2})$ =
konstant als auch die Suchrichtungen in einem spitzen Winkel
schneiden. Liegen die Suchrichtungen für einen Schritt von
$\underline{\theta}_{MMo}$ nach $\underline{\theta}_{MMs1}$ längs der $\underline{\theta}_{MM1}$ - Achse

bzw. von $\underline{\theta}_{MMo}$ nach $\underline{\theta}_{MMs2}$ längs der $\underline{\theta}_{MM2}$ - Achse, dann führt die Auslenkung in den in Bild 5.7 dargestellten Suchrichtungen auch bei **infinitesimaler Schrittweite** zu keiner Verringerung des für die Zielfunktion im Punkt $\underline{\theta}_{MMo}$ erhaltenen Wertes.

Da bei der **Rosenbrock-Methode** in mindestens zwei der orthogonalen Richtungen Verbesserungen erreicht werden müssen, damit durch eine Suchrichtungsänderung ein sogenanntes **Festhängen** des Verfahrens in einer Richtung vermieden wird, versagt die Methode für den in Bild 5.7 dargestellten Fall.

Ähnliche Probleme treten auf, wenn die Zielfunktion J_N $(\underline{\theta}_{MM})$ in der Nähe des Minimums einen flachen Verlauf hat und ihre **Empfindlichkeit** gegenüber den Parametern $\underline{\theta}_{MM}$ J (J=1, ...,n) des Parametervektors $\underline{\theta}_{MM}$ unterschiedlich gewichtet ist. In Bild 5.8 ist dieser Fall dargestellt.

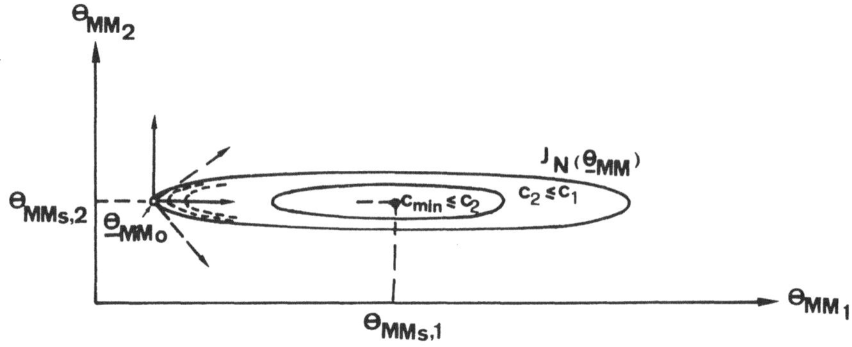

Bild 5.8: Beispiel für das Versagen des direkten Suchverfahrens als Folge der Unempfindlichkeit der Zielfunktion J_N $(\underline{\theta}_{MM})$ in bezug auf die Komponenten $\underline{\theta}_{MM1}$ und $\underline{\theta}_{MM2}$ des Parametervektors $\underline{\theta}_{MM}$

Für einen Schritt von $\underline{\theta}_{MMo}$ nach $\underline{\theta}_{MMs1}$ längs der $\underline{\theta}_{MM1}$ -Achse ist keine Verbesserung möglich, da sie tangen- tial zu J_N $(\underline{\theta}_{MM})$ = C1 verläuft. Für einen Schritt von

$\underline{\theta}_{MMo}$ nach $\underline{\theta}_{MMs2}$ längs der $\underline{\theta}_{MM2}$ – Achse ist der erreichte Erfolg einer Änderung numerisch nur dann feststellbar, wenn für $\Delta\,\underline{\theta}_{MM1}$ hinreichend große Werte gewählt werden. Ist das nicht der Fall, kann in $\underline{\theta}_{MMo}$ ein Minimum vorgetäuscht werden, obgleich $\underline{\theta}_{MMo}$ noch sehr weit vom tatsächlichen Minimum $\underline{\theta}_{MMs}$ entfernt ist [MÖL 83].

5.3.3 Die Powell-Methode

Die **Powell-Methode** ist eine Weiterentwicklung der **sukzessiven Variation** der Variablen. Bei der 1. Powell-Methode wird das Konzept der sukzessiven Variation derart modifiziert, daß nach jedem **Such- zyklus** eine neue **Such-richtung** auf der Basis der vorangegangenen Ergebnisse eine der Anfangssuchrichtungen ersetzt.

Bei einer quadratischen Zielfunktion entstehen nach n Suchzyklen n **konjugierte Suchrichtungen**. Damit wird das Minimum einer quadratischen Zielfunktion nach n Suchzyklen mit jeweils n+1 linearen Suchen erreicht. Bild 5.9 veranschaulicht die 1. Powell-Methode im zweidimensionalen Fall [TAN 85].

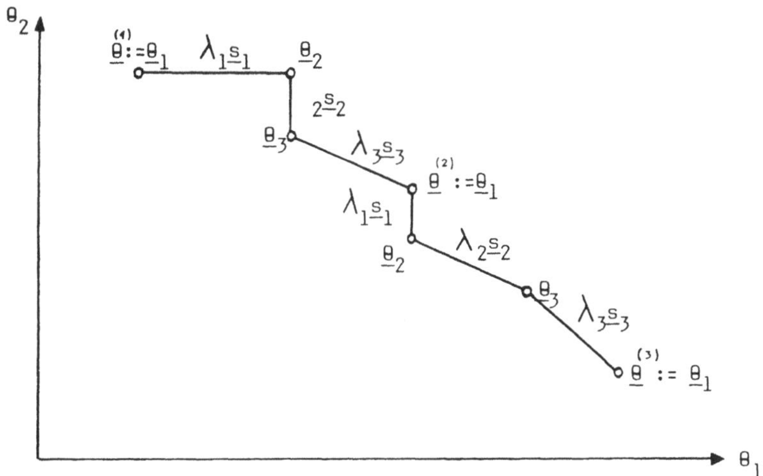

Bild 5.9: 1. Powell-Methode im zweidimensionalen Fall

Die Suche beginnt bei einem beliebigen **Startpunkt** θ_1 (1) := θ_1 entlang n **linear unabhängiger Suchrichtungen** s_j, j = 1,2, ...,n.

Die s_j können parallel zu den Koordinatenachsen des durch den Parametervektor θ gespannten Raumes sein. Das in Richtung s_1 gefundene Minimum θ_2 führt zu dem Minimum θ_3 in Richtung s_2 usw. . Der Suchzyklus wird durch die (n+1)-te Suche in Richtung θ_{n+1} - θ_1 abgeschlossen. Das Ergebnis am Ende des Zyklus ist θ_{n+2}. Für den nächsten Suchzyklus wird die Richtung s_1 eliminiert, alle s_j durch s_{j+1} ersetzt und eine neue Suchrichtung s_{n+1} = θ_{n+1} - θ_1 eingeführt, mit θ_{n+2} := θ_1 als Startpunkt dieses neuen Zyklus.

Die erste Methode von Powell erweist sich in zwei Fällen als unvollständig:

1.) Wenn der Startpunkt θ_1 das Minimum in der Richtung s_1 ist, dann enthält der Vektor $(\theta_{n+1} - \theta_1)$ im ersten Iterationszyklus keine Komponente in Richtung s_1. Da in dem nächsten Suchzyklus s_1 eliminiert wird, geht für die weitere Suche diese Richtung verloren.

2.) Es können quasi-linear abhängige Suchrichtungen entstehen und diese, bedingt durch numerische Anfälligkeiten, aufeinanderfallen. Dies tritt bei Zielfunktionen mit mehr als 5 Parametern auf und hat zur Folge, daß die Suchrichtungen den Parameterraum nicht mehr voll aufspannen [HOF 70]. Daher wurde von Powell eine zweite Methode entwickelt, bei der auch andere Suchrichtungen als s_1 ersetzt werden können. Außerdem wird vorher überprüft, ob eine Eliminierung überhaupt vorteilhaft ist. Somit erreicht man, daß auch während des sukzessiven Vektoraustausches zur Ermittlung der **A-konjugierten Suchrichtungen** s_j der Parameterraum voll aufgespannt bleibt.

5.4 Parameterschätzung bei unverrauschten Meßdaten

Zur Parameterschätzung findet das in Beispiel 22 beschriebene
nichtlineare Zustandsmodell Anwendung, unter Verwendung der auf
4 Stellen nach dem Komma gerundeten (als Rauschfrei betrachteten) **Simulationsdaten** der Ausgangswerte PAS bei einer sprung-
förmigen **Systemanregung** (ergometrische Belastung) von EW =
100W über einen **Identifikationsintervall** [0 min - 1.05 min].
Identifiziert werden die freigegebenen Parameter a_{12} und
a_{11} der Nichtlinearität F_1 nach Bild 2.12 die lautet

$$F_1 := U0(t) = a_{12} \ PAS^2(t) + a_{11} \ PAS(t) + a_{10}.$$

Freigabe von Parametern bedeutet, daß sie während der
Optimierung gemäß dem **Verstellgesetz** der Optimierungsmethode
variiert werden können. Alle anderen Parameter werden jeweils
als a-priori bekannt betrachtet und sowohl während der Optimierung als auch während der anschließenden Simulation festge-
halten.

Über das Identifikationsintervall [0 min - 1.05 min] werden N =
12 **äquidistante Abtastwerte** PAS_k zur Parameteridentifikation nach der **Methode der kleinsten Ausgangsfehlerquadrate**
verwendet (siehe Abschnitt 5.2-2). Zur Parameteroptimierung
wird die in Abschnitt 5.3-2 beschriebene **Rosenbrock-Methode**
eingesetzt, um den Einfluß der **Rundungsfehler** zu vermeiden,
wie er bei den in [MÖL 81] angewandten **Gradientenverfahren** in
der Nähe des Minimums auftritt und um die bei den Gradientenverfahren langen Identifikationszeiten gering zu halten.

In Tabelle 5.1 sind zusammenfassend die Werte a_{12} und a_{11}
der Parameterschätzung angegeben.

Stellt man die Zielfunktion J_N $(\underline{\theta}_{MM})$ über dem zweidimensionalen a_{12}-a_{11}-Parameterraum graphisch dar, wie in Bild
5.10 gezeigt, findet man für die in Tabelle 5.1 angegebenen
Wertetupel ausgeprägte **Schluchten** für die Zielfunktion mit
einem Minimum.

Tabelle 5.1: Wertetupel der Parameterschätzung für $G = 0$

Parameter	Nominalwerte	Startwerte	Identifizierte Werte
a_{12}	3.749	3.6	3.54
a_{11}	5.999	5.8	5.8
a_{12}	3.749	3.8	3.749
a_{11}	5.999	6.1	6.002
a_{12}	3.749	3.39	3.764
a_{11}	5.999	5.66	6.001

Bezogen auf das Erste, in Tabelle 5.1 angegebene Wertetupel fällt auf, daß die Änderungsrichtung im Sinne einer Verbesserung vom Minimum (Nominalwerte der Parameter) weggerichtet ist.

Nach einer Programmerweiterung, die auch die **Schrittweitensteuerung** freiläßt, erwiesen sich die beiden mittleren, in Tabelle 5.1 dokumentierten Ergebnisse, als sehr viel genauer. Bezogen auf den Parameter a_{12} des ersten Wertetupels reduziert sich die **Verschätzung** gegenüber dem Nominalwert von 5,7% auf 0,4%.

Bezogen auf das zweite und das dritte Wertetupel in Tabelle 5.1 kann festgestellt werden, daß die Parameter a_{12} und a_{11} zwar **identifizierbar** sind; erst die graphische Darstellung der Zielfunktion über dem Parameterraum gestattet eine Aussage zum Ablauf der Minimierung.

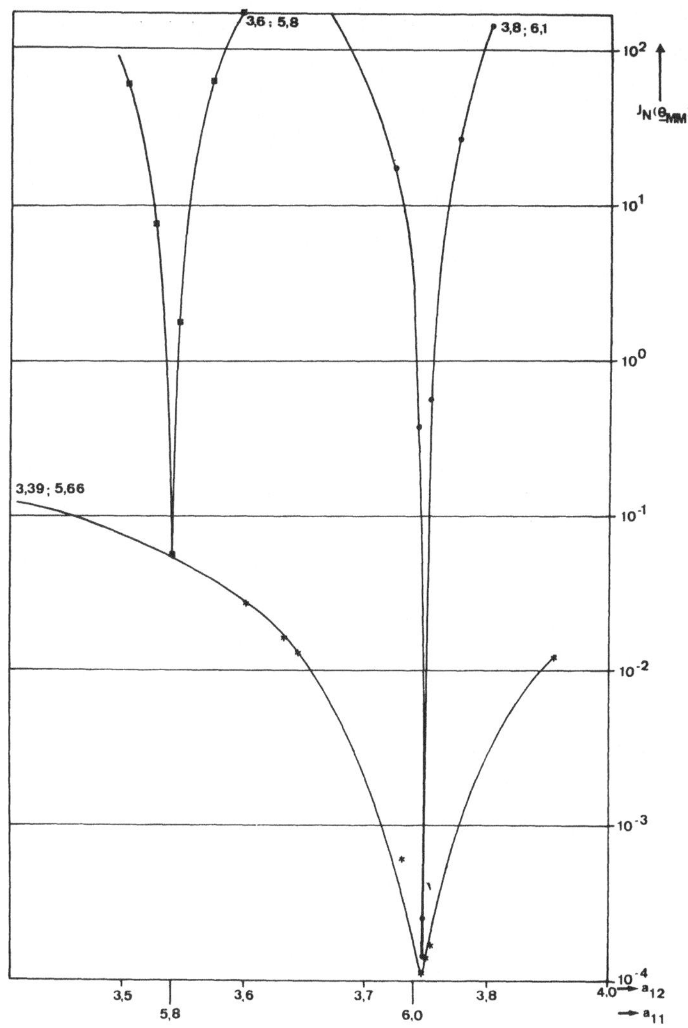

Bild 5.10: Darstellung der zweidimensionalen Zielfunktion J_N $(\underline{\theta}_{MM})$ über a_{12} und a_{11} für $N = 12$ äquidistante Meßpunkte.

5.5 Genauigkeit der Parameterschätzung bei verrauschten Meßdaten

Bei der Parameterschätzung anhand gemessener **Zustandsgrößen** tritt das Problem auf, daß die Meßdaten fehlerhaft sind. Darüber hinaus beeinflussen weitere Fehlerquellen die geschätzten Parameterwerte. Daher ist die Untersuchung der Zuverlässigkeit des Schätzverfahrens und eine systematische **Fehleranalyse** unerläßlich, um die Genauigkeit der geschätzten Parameterwerte beurteilen zu können.

Neben der **Identifizierbarkeit** (vergleiche Definition 32) müssen die identifizierten Parameter eine geringe **Varianz der Schätzfehler** aufweisen, damit die Zuverlässigkeit der Schätzung gewährleistet ist.

Definition 39:

Ein Parametervektor $\underline{\theta}$ wird an der Stelle $\underline{\theta}_S$ identifizierbar genannt, wenn die Folge $\{Y_k(\underline{\theta})\}$ für alle $\underline{\theta} = \underline{\theta}_S$ verschieden ist von der Folge $\{Y_k(\underline{\theta}_S)\}$. ∎

Im folgenden wird die Abschätzung der Varianz der Schätzfehler dargestellt, welche die Beurteilung der Genauigkeit der Schätzung ermöglicht.

Die **Identifikationsmethoden** basieren auf der Minimierung der Summe der Quadrate von Differenzen zwischen Modellausgang und dem gemessenen Systemausgang. Bild 5.11 veranschaulicht nochmals die Vorgehensweise bei der Parameterschätzung. Dabei ist vorausgesetzt, daß die Modellstruktur bekannt ist und das reale System hinreichend genau beschreibt. Der **Systemausgang** $y_S(t)$ wird durch ein additives **Meßrauschen** $v(t)$ beeinflußt. Der **Fehler** $e(\underline{\theta}, t)$ ist die Differenz zwischen dem störungsbehafteten Systemausgang $y_{Meß}$ und dem Modellausgang y_M, wobei $\underline{\theta}_S$ den unbekannten Parametervektor des Systems repräsentiert.

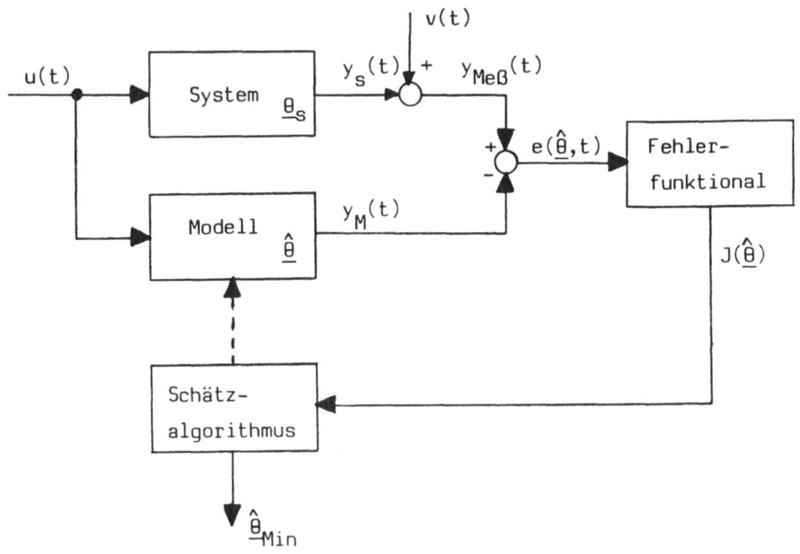

Bild 5.11: Blockstruktur der Parameter-Identifikation

Das **Fehlerfunktional** ist für die Methode der kleinsten Quadrate durch folgende Beziehung definiert:

$$J(\hat{\underline{\theta}}) = \int_{t_0}^{te} [e(\hat{\underline{\theta}},t)]^T \cdot [e(\hat{\underline{\theta}},t)] \cdot dt \qquad (5.5-1)$$

Durch den **Schätzalgorithmus** werden diejenigen Parameter des Modells $\hat{\underline{\theta}}$ bestimmt, die $J(\hat{\underline{\theta}})$ minimieren. Gleichung (5.5-2) gibt die notwendige Bedingung für die **Existenz des Minimums** von J an,

$$\frac{\partial J}{\partial \hat{\underline{\theta}}} = \underline{0} \qquad (5.5-2)$$

wobei nur eine **Fehlerquelle**, nämlich die **Meßfehler** am Ausgang, berücksichtigt wurde. Generell gibt es drei bedeutende **Schätzfehlerquellen**, den

1) **Meßfehler**,
2) **Modellierungsfehler**,
3) **Optimierungsfehler**.

Meßfehler beeinflussen die Meßwerte von Systemausgang, Modelleingang und der nicht zu schätzenden Parameterwerte, die entweder als physikalische Konstante bekannt sind oder durch Meßinstrumente (allerdings fehlerbehaftet) gemessen werden können. Diese Parameter werden bei der Implementierung des Identifikationsverfahrens als bekannt vorausgesetzt.

Modellierungsfehler beziehen sich auf die mangelhaften qualitativen a-priori Kenntnisse der Systemstruktur und auf die Probleme der Implementierung der Modellgleichungen im Rechner, z.B. die zwangsweise Vereinfachung der Modellgleichungen oder die Diskretisierung der Differentialgleichungen des Modells.

Optimierungsfehler entstehen dadurch, daß das Minimum von J, gemäß Gleichung (5.5-1), nicht exakt erreicht wird. Vielmehr gelangt man nur in die Nähe des Minimums, wobei

$$\left. \frac{\partial J}{\partial \hat{\underline{\theta}}} \right|_{\hat{\underline{\theta}}} = \underline{e}j = \underline{\theta} \qquad \text{ist.}$$

Abschließend sei angemerkt, daß die Existenz des lokalen **Minimums** auch Fehler verursacht, die per se vom Problem abhängen und nicht unter die beschriebenen Fehlerquellen eingeordnet werden können. Auch diese Fehler beeinflussen die Genauigkeit bei der **experimentellen Schätzung** von Parametern.

Kann davon ausgegangen werden, daß das Minimierungsproblem hinreichend genau lösbar ist, dann kann man unter diesen Voraussetzungen die Optimierungsfehler e_j vernachlässigen. Die möglichen Meßfehler werden zu einer einfachen **Störungs-**

große v(t) zusammengefaßt, die zum Systemausgang $y_s(t)$ addiert wird. Vernachlässigt man letztendlich die Modellierungsfehler wegen der Übersichtlichkeit der Untersuchung, ist die **Kovarianzmatrix** der Schätzfehler der identifizierten Parameter im Bezug auf die Meßfehler v(t) bestimmt.

5.6 Methode der Hilfsvariablen

Wie in Definition 30 dargestellt, kann das Indentifikationsproblem als Optimierungsproblem formuliert werden im Sinne einer Minimierung des Fehlerfunktionals. Durch Festlegen der Fehlerfunktion läßt sich eine Einteilung der Identifikationsverfahren unter Zugrundelegung der Art des Fehlers zwischen dem realen System und dem mathematischen Modell vornehmen, wie folgt:

- **Ausgangsfehlermethode**
- **Eingangsfehlermethode**
- **Verallgemeinerter Gleichungsfehler.**

Aus Gründen der einfacheren Beschreibung werden im allgemeinen diejenigen Fehlerfunktionale bevorzugt, die linear von den Modellparametern abhängen. Man verwendet deshalb die Ausgangsfehlermethode z.B. im Zusammenhang mit Gewichtsfunktionsmodellen und den verallgemeinerten Gleichungsfehler für Differential-/Differenzen - oder Übertragungsfunktionsmodelle.

Die Methode der Hilfsvariablen geht von demselben Gleichungssystem (5.2-6) aus wie die in Abschnitt 5.2.2 beschriebene Methode der kleinsten Quadrate (Ausgangsfehlermethode).

Wählt man den verallgemeinerten Gleichungsfehler als Fehlerfunktional zwischen realem System und mathematischem Modell, dann gilt für das **diskrete Modell** nach Bild 5.12

$$e(k) = Y(k) + a_1 \, Y(k-1) + \ldots + a_n \, Y(k-n)$$
$$\qquad - b_0 \, U(k) - \ldots - b_m \, U(k-m) \qquad\qquad (5.6\text{-}1)$$

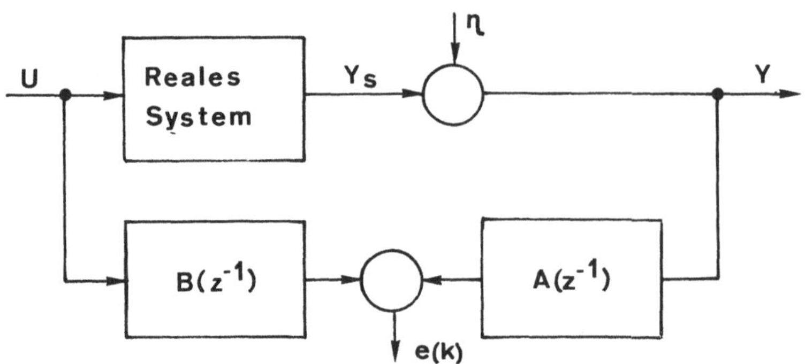

Bild 5.12: Verallgemeinerter Gleichungsfehler

Formt man Gleichung (5.6-1) um und setzt $k = m + 1$, $m + 2$, $\ldots$, $m + N$, so ergibt sich ein Gleichungssystem mit N-Gleichungen:

$$Y(m+1) = -a_1 \, Y(m), \; \ldots, \; -a_m \, Y(+1) + b_1 \, U(m), \; \ldots, \; + b_m$$
$$\qquad U(1) + e(m+1)$$

$$\cdot$$
$$\cdot$$
$$\cdot$$

$$Y(m+N) = -a_1 \, Y(m+N-1), \; \ldots, \; -a_m \, Y(N) + b_1 \, U(m+N-1), \; \ldots,$$
$$\qquad + b_m \, U(N) + e(m+N) \qquad\qquad (5.6\text{-}2)$$

oder abgekürzt in Matrixschreibweise

$$\underline{Y} = \underline{\psi} \, \underline{\theta} + \underline{e} \qquad\qquad (5.6\text{-}3)$$

mit

$$\underline{Y}^T = [\, Y(m+1) \; Y(m+2) \; \ldots \; Y(m+N) \,]$$

$$\underline{\psi} = \begin{vmatrix} -Y(m) \; \ldots \; -Y(+1) & U(m) \; \ldots \; U(1) \\ \cdot & \\ \cdot & \\ \cdot & \\ -Y(m+N-1) \; \ldots \; -Y(N) & U(m+N-1) \; \ldots \; U(N) \end{vmatrix}$$

$$\underline{\theta}^T = [a_1 \quad a_2 \ldots a_m, \ b_1 \quad b_2 \ldots b_m]$$

$$\underline{e}^T = [e(m+1) \quad e(m+2) \ldots e(m+N)] \tag{5.6-4}$$

Der **verallgemeinerte Gleichungsfehler** aus (5.6-3) lautet damit

$$\underline{e} = \underline{y} - \underline{\psi}\,\underline{\theta}$$

mit $\underline{e}$ als **verallgemeinertem Ausgangsfehler**, $\underline{y}$ als neuer Beobachtung und $\underline{\psi}\underline{\theta}$ als **Vorhersage** des **Modells**. Wird Gleichung (5.6-4) mit der Transponierten der **Hilfsvariablen-matrix** W multipliziert, erhält man

$$\underline{W}^T \underline{e} = \underline{W}^T\underline{y} - \underline{W}^T\underline{\psi}\underline{\theta} \tag{5.6-5}$$

oder

$$\underline{\theta} = [\underline{W}^T\underline{\psi}]^{-1}\ \underline{W}^T\underline{y} + [\underline{W}^T\underline{\psi}]^{-1}\ \underline{W}^T\underline{e} \tag{5.6-6}$$

Wählt man die Elemente der Hilfsvariablenmatrix dergestalt, daß sie stark mit den Nutzsignalwerten der Matrix $\underline{\psi}$ und damit nicht mit dem Störsignal $\underline{n}$ korreliert sind, dann wird im Abgleichzustand von System und Modell

$$E\,\{\underline{W}^T\underline{e}\} = 0 \tag{5.6-7}$$

da $\underline{e}$ nur noch von $\underline{n}$ abhängt. Es darf deshalb für große **Meßzeiten**, d.h. für viele **Abtastungen**, angenommen werden, daß $\underline{W}^T\underline{e}$ vernachlässigbar klein wird. Aus Gleichung (5.6-6) erhält man dann für die gesuchten Parameter $\underline{\theta}$

$$\underline{\theta} = [\underline{W}^T\underline{y}]^{-1}\ \underline{W}^T\underline{y} \tag{5.6-8}$$

Weiterhin sei vorausgesetzt, daß $[\underline{W}^T\underline{\psi}]$ **nichtsingulär** ist. Diese Bedingung wird erfüllt, wenn 1. die **Modellordnung** nicht größer als die Prozeßordnung ist und 2. die Elemente der **Hilfsvariablenmatrix** stark mit den Signalwerten der Matrix $\underline{\psi}$ korreliert sind.

Das Hauptproblem bei der Methode der Hilfsvariablen besteht darin, geeignete Hilfsvariablen zu finden, da die Effizienz der Schätzung davon abhängt, in welchem Maße die **Hilfsvariablenmatrix** $\underline{W}$ mit der Matrix ψ korreliert ist [ISE 74].

Die stärkste **Korrelation** zwischen ψ und $\underline{W}$ erhält man, wenn $\underline{X}$ die ungestörten Signale von ψ enthält, d.h. die Nutz- signale. Es muß deshalb versucht werden, Schätzwerte der ungestörten Ausgangsgrößen $h(k) = yu(k)$ zu erhalten. Dann kann man die **Hilfsvariable** folgendermaßen bilden

$$\underline{W}^T(k) = [-h(k-1), \ldots, -h(k-m) : U(k-1), \ldots, U(k-m)]$$

$$(5.6-9)$$

Die Schätzwerte der ungestörten Ausgangsgrößen $h(k)$ werden in einem **Hilfsmodell** berechnet. Hierzu benutzt man die bekannten Eingangsgrößen $u(k)$ und die zuvor mittels der **Methode der kleinsten Quadrate** nach Gleichung (5.6-6) berechneten Parameter, wobei für große Meßzeiten $\underline{W}^T\underline{e} \approx \underline{0}$ und damit vernachlässigbar:

$$h(k) = Y_M(k) = Y_U(k) = \underline{W}^T(k)\ \underline{\theta}(k)$$

Dieses **Hilfsmodell** zur näherungsweisen Berechnung der ungestörten Ausgangsgrößen des dynamischen Systems ist a priori nicht bekannt; die Parameterschätzung erfolgt deshalb iterativ. Um alle Meßdaten verarbeiten zu können, hat die **Hilfsvariablenmatrix** die folgende Struktur

$$\underline{W} = \begin{vmatrix} \underline{W}^T(m+1) \\ \underline{W}^T(m+2) \\ \cdot \\ \cdot \\ \underline{W}^T(m+N) \end{vmatrix}$$

$$\underline{W} = \begin{vmatrix} -h(m) & \dots & -h(1) & \Big| & U(m) & \dots & U(1) \\ -h(m+1) & \dots & -h(2) & \Big| & U(m+1) & \dots & U(2) \\ & \cdot & & \Big| & & & \\ & \cdot & & \Big| & & & \\ -h(m+N) & \dots & -h(N) & \Big| & U(m+N) & \dots & U(N) \end{vmatrix}$$

Bei der **nichtrekursiven** Anwendung der **Hilfsvariablenmethode** wird die **Parameterschätzung** wie folgt **iterativ** durchgeführt:

1. Schritt: Die Parameter $\underline{\theta}$ werden nach der **Methode** der **kleinsten Quadrate** geschätzt.

2. Schritt: Die **Hilfsvariablen** werden mit dem **Hilfsmodell** und den errechneten Parametern $\underline{\theta}$ nach der Beziehung

$$h(k) = \underline{W}^{T}(k)\,\underline{\theta}$$

berechnet, für $k = m + 1, m + 2, \dots, m + N$
Für $k \leq m$ gilt: $h(k) = y(k)$

3. Schritt: Die Parameter $\underline{\theta}$ werden neu geschätzt nach Gleichung (5.6-8)

$$\underline{\theta} = [\underline{W}^{T}\psi]^{-1}\,\underline{W}^{T}\underline{y}$$

4. Schritt: Die Sequenz wird ab dem 2. Schritt solange wiederholt, bis sich die geschätzten Parameter nicht mehr wesentlich von den zuvor geschätzten Parametern unterscheiden. (Im Regelfall reichen einige wenige Iterationen aus)

Die Konsistenz der Parameterschätzung (**Parameteridenti-fikation**) mittels der **Methode der Hilfsvariablen** ist unter folgenden Bedingungen gegeben [BAU 75]:

● $E\{\eta(k)\} = 0$ und $E\{u(k)\} = const.$

oder

● $E\{\eta(k)\}$ = const und $E\{u(k)\}$ = 0

    (Bei $E\{u(k)\}$ = 0 ist mit einem stabilen Modell auch $E\{h(k)\}$ = 0)

● $U(k)$ korreliert nicht mit $\eta(k)$

● $U(k)$ muß exakt meßbar sein

●   Yoo muß nicht bekannt sein, wenn $E\{u(k)\}$ = 0

Die Umformung der **nichtrekursiven Hilfsvariablenmethode** in die **rekursive Hilfsvariablenmethode** führt zu folgendem Algo rithmus [WON 67]:

$$\underline{\theta}(k+1) = \underline{\theta}(k) + \underline{P}(k+1)\underline{W}(k+1)[y(k+1) - \underline{\psi}^T(k+1)\underline{\theta}(k)]$$

Neuer Schätzwert =	Alter Schätzwert +	Korrektur-faktor	$\begin{bmatrix}$ Neuer Meßwert $-$	vorhergesagter Meßwert anhand der Parameter des letzten Iterations- schrittes $\end{bmatrix}$

$$\text{(5.6-10)}$$

$$\underline{P}(k+1) = \underline{P}(k) - \underline{P}(k)\underline{\psi}(k+1)[\underline{\psi}^T(k+1)\underline{P}(k)\underline{W}(k+1)+1]^{-1}$$
$$\cdot \; \underline{W}^T(k+1)\underline{P}(k) \qquad \text{(5.6-11)}$$

mit

$$\underline{P}(k) = [\underline{W}(k)^T\underline{\psi}(k)]^{-1} \qquad\qquad\qquad \text{(5.6-12)}$$

$$\underline{W}^T(k) = [-h(k-1), \ldots, -h(k-m) \; U(k-1), \ldots, U(k-m)] \qquad \text{(5.6-13)}$$

Die Bedingungen für eine **konsistente Schätzung** mit der **rekursiven Methode der Hilsvariablen** sind die gleichen wie bei der direkten (nichtrekursiven) Schätzung.

Zum Iterationsbeginn der rekursiven Hilfsvariablenmethode sind besondere Maßnahmen erforderlich, wobei sich drei Möglichkeiten als besonders zweckmäßig herausgestellt haben:

- Es ist sinnvoll, bis $k = 2m$ auf Basis der direkten Hilfsvariablenmethode zu rechnen und erst danach das rekursive Verfahren anzuwenden.

- Sind a-priori Schätzwerte für die Parameter bekannt, werden diese für $\underline{\theta}(0)$ und $\underline{P}(0)$ eingesetzt, danach wird die rekursive Hilfsvariablenmethode gestartet

- Es sind keine a-priori-Werte vorhanden, damit werden geeignete Werte für $\underline{\theta}(0)$ und $\underline{P}(0)$ abgeschätzt und danach die rekursive Hilfsvariablenmethode gestartet.

Die **rekursive Hilfsvariablenmethode** ist ein elegantes **Parameterschätzverfahren**, welches **biasfreie** Schätzwerte liefert, ohne daß der Rechenaufwand sehr groß wird.

6 Literatur

[AOK 71]   Aoki, M.: Introduction to Optimization Techniques. Mc Millan Publ., New York, 1971

[BAT 88]   Bateson, G.: Ökologie des Geistes. Suhrkamp Verlag, Frankfurt, 1988

[BAU 75]   Baur, U.: On-Line Parameterschätzverfahren zur Identifikation linearer, dynamischer Prozesse mit Prozeßrechnern - Entwicklung, Vergleich, Erprobung -. DDV-Berichte, Karlsruhe, 1976

[BLU 83]   Blume, C., R. Dillmann: Frei programmierbare Manipulatoren. Vogel Verlag, Würzburg, 1983

[BRA 85]   Bramer, K., G. Siffling: Kalman-Bucy-Filter. R. Oldenburg Verlag, München, 1975

[CRA 86]   Craig, J.: Introduction to Robotics. Addison Wesley Publ., Reading, 1986

[DÜC 90]   Düchting, W.: Computer Simulation in Cancer Research. In: Advanced Simulation in Biomedicine, Hrsg.: D.P.F. Möller, Springer-Verlag, New York, 1990

[FIS 87]   Fischer, W., H. Burkhardt: Digitale Simulation dynamischer Systeme. Skriptum TU-Hamburg/Harburg, 1987

[FÖL 82]   Föllinger, O., D. Franke: Einführung in die Zustandsbeschreibung dynamischer Systeme. R. Oldenburg Verlag, München, 1982

[HAK 90]   Haken, H.: Synergetik. Springer-Verlag, Heidelberg,
           1990

[HAL 88]   Halin, J.: Simulation im Zeitalter von Supercomputern
           und Minisupercomputern. In: Informatik Fachberichte,
           Bd. 179, S. 2-13, Hrsg.: W. Ameling, Springer Verlag,
           Heidelberg, 1988

[HAR 76]   Hartmann, J.I.: Lineare Systeme. Springer Verlag,
           Heidelberg, 1976

[HAR 84]   Harmon, L.D.: Tactile Sensing for Robotics. In:
           Robotics and Artificial Intelligence, Hrsg.: M.
           Brady, Springer Verlag, Heidelberg, 1984

[HOF 70]   Hoffmann, U., H. Hofmann: Einführung in die
           Optimierung. Verlag Chemie, Weinheim, 1970

[HOF 75]   Hofer, E., R. Lunderstädt: Numerische Methoden der
           Optimierung. R. Oldenburg Verlag, München 1975

[ISE 74]   Isermann, R.: Prozeßidentifikation, Springer Verlag,
           Heidelberg, 1974

[JAC 72]   Jacoby, G.L.S., J.G. Kowolik, J.T. Pizzo: Interative
           Methods for Ninlinear Optimization Problems. Prentice
           Hall Publ., New Jersey, 1972

[KAE 89]   Kaehr, R., E. v. Goldammer: Poly-Contextural
           Modelling of Heterachies in Brain Functions: In:
           Models of Brain Function, Hrsg.: R.M.J. Cottervill,
           Cambridge Univ. Press, Cambridge, 1989

[KAL 63]   Kalman, R.E.: Mathematical Description of Linear
           Dynamical Systems. SIAM J. Control 1 (1963), 159-192

[KLA 69]   Klaus, G.: Wörterbuch der Kybernetik, Fischer
           Bücherei, Frankfurt, 1969

218

[LEK 78]   Lekkas, G., D. Rufer, W. Schaufelberger: Identifikation dynamischer Systeme durch nichtlinearen Modellabgleich. Scientia Electica 24 (1978), 66-93

[LUD 77]   Ludyk, G.: Theorie dynamischer Systeme. Elitra Verlag, Berlin, 1977

[MÖL 81]   Möller, D.P.F.: Ein geschlossenes nichtlineares Modell zur Simulation des Kurzzeitverhaltens des Kreislaufsystems und seine Anwendung zur Identifikation. Springer Verlag, Heidelberg, 1981

[MÖL 83]   Möller, D.P.F., D. Popovic, G. Thiele: Modeling, Simulation and Parameter-Estimation of the Human Cardiovascular System. Vieweg Verlag, Braunschweig, 1983

[MÖL 84]   Möller, D.P.F.: Mathematische Modellierung der renopriven Hypertonie. Funkt. Biol. Med. 3 (1984), 253-259

[MÖL 85]   Möller, D.P.F., K. Tsuchiya: Mathematical and Hydraulic Simulation for Ciculatory Assist Devices-Optimization Strategies. In: Fluid Control and Measurements, Bd. 1, 171-178, Hrsg.: M. Harada, Pergamon Press, Oxford, 1985

[MÖL 87a] Möller, D.P.F.: Optimierung der Dosierung von Pharmaka mittels Kompartmentmodellen. In: Informatik Fachberichte Bd. 150, 602-607, Hrsg.: J. Halin, Springer Verlag, Heidelberg, 1987

[MÖL 87b] Möller, D.P.F., T. Sikora: Case Studies in Compartment-Systems Analysis in Biosystems. Plasma Therapy and Transfusion Technol., 8 (1987), 290-294

[MÖL 87c] Möller, D.P.F.: Simulationstechnik komplexer Bioprozesse und mögliche Erweiterungen durch wissensbasierte Simulation. In: Informatik Fachberichte Bd. 150, 625-630, Hrsg.: J. Halin, Springer Verlag, Heidelberg, 1987

[MÖL 89] Möller, D.P.F.: Rechnergestütztes Messen biomechanischer Größen am Beispiel des renovaskulären Systems. Biomed. Techn. 34 (1989), 94-100

[MÖL 90] Möller, D.P.F.: Diagnose Expertensystem. Biomed. Techn. 35 (1990), 62-68

[MÖL 91] Möller, D.P.F.: Computer Modelling and Artificial Intelligence: An Introductory Review. In: Computer Modelling of Complex Biological Systems, Vol. II, Hrsg.: S.S. Iyengar, CRC-Press, Boca Raton-Florida, 1991

[MOR 84] Morechi, A., J. Ekiel, K. Fidelus: Cybernetic Systems of Limb Movements in Man, Animals and Robots. John Willy & Sons Publ., New York, 1984

[NAT 83] Natke, H.G.: Einführung in die Theorie und Praxis der Zeitreihen und Modalanalyse. Vieweg-Verlag, Braunschweig, 1983

[NÖL 88] Nölle, M., H. Burkhardt: Digitale Simulation dynamischer Systeme. Skriptum TU-Hamburg/Harburg, 1988

[OGA 67] Ogata, K.: State Space Analysis of Control Systems. Prentice-Hall Publ., New Jersey, 1967

[PRO 82] Profos, P.: Einführung in die Systemdynamik. Teubner Verlag, Stuttgart, 1982

220

[REI 74]   Reinisch,   K.:   Kybernetische   Grundlagen   und Beschreibung kontinuierlicher Systeme. VEB Verlag Technik, Berlin, 1974

[RIC 85]   Richter, O.: Simulation des Verhaltens ökologischer Systeme. Verlag Chemie, Weinheim, 1985

[SCH 80]   Schmidt, G.: Simulationstechnik. R. Oldenburg Verlag, München, 1980

[SCH 84]   Schneider, B.: Die Logik der Modellbildung. In: Systemanalyse biologischer Prozesse, 1-15, Hrsg.: D.P.F. Möller, Springer Verlag, Heidelberg, 1984

[SCH 85]   Schmidt, B.: Was tut man, wenn man simuliert? Versuch einer   Begriffsbestimmung.   In: Informatik Fachberichte Bd. 109, 104-111, Hrsg.:D.P.F. Möller, Springer Verlag, Heidelberg, 1985

[STD 84]   Stoyan, H.: Wissen wissensbasierte Programme etwas? In: Informatik Fachberichte, Bd. 169, 250-261, Hrsg.: G. Heyer, J. Krems, G. Gorz, Springer Verlag, Heidelberg, 1984

[TAN 85]   Tanha, A.R., H. Maftoon: Schätzung der Parameter dynamischer   Systeme   am   Beispiel   der Compliance-Parameter eines nichtlinearen Modells des geregelten kardiovaskulären Systems. Diplomarbeit Universität Bremen, 1985

[THI 87]   Thiele,   G.:   Algorithmen   zur   Parameterschätzung zeitdiskreter Einfachmodelle mit dem Prozeßrechner. VDI-Verlag, Düsseldorf, 1987

[TSU 87]   Tsuchiya, K., M. Umezu: Mechanical Simulator of the Cardiovascular System. Vieweg Verlag, Braunschweig, 1987

[UNB 85]   Unbehauen,   H.:   Regelungstechnik,   Vieweg   Verlag,
           Braunschweig, 1985

[WER 90]   Werner,   J.:   Mathematical   Simulation   of   the   Human
           Thermal   System.   In: Advanced   Simulation   in
           Biomedicine,   Hrsg.:   D.P.F.   Möller,   Springer-Verlag,
           New York, 1990

[WON 67]   Wong,   K.Y.,   E.   Polah: Identification   of   Linear
           Discrete Time Systems Using the Instrumental Variable
           Method.   IEEE   Trans.   Automat.   Contr.   AC   12   (1967),
           707-718

[ZAD 65]   Zadeh,   L.A.:   Fuzzy-Sets.   Information   and   Control,
           8(1965), 338-353

[ZIM 90]   Zimmermann,   H.-J.:   Fuzzy   Set   Theory   -   and   Its
           Application. Kluwer-Nijhoff, Boston, 1990

7 Sachverzeichnis